myBook+

Ihr Portal für alle Online-Materialien zum Buch!

Arbeitshilfen, die über ein normales Buch hinaus eine digitale Dimension eröffnen. Je nach Thema Vorlagen, Informationsgrafiken, Tutorials, Videos oder speziell entwickelte Rechner – all das bietet Ihnen die Plattform myBook+.

Ein neues Leseerlebnis

Lesen Sie Ihr Buch online im Browser – geräteunabhängig und ohne Download!

Und so einfach geht's:

- Gehen Sie auf **https://mybookplus.de**, registrieren Sie sich und geben Ihren Buchcode ein, um auf die Online-Materialien Ihres Buchs zu gelangen
- **Ihren individuellen Buchcode finden Sie am Buchende**

Wir wünschen Ihnen viel Spaß mit myBook+ !

https://mybookplus.de

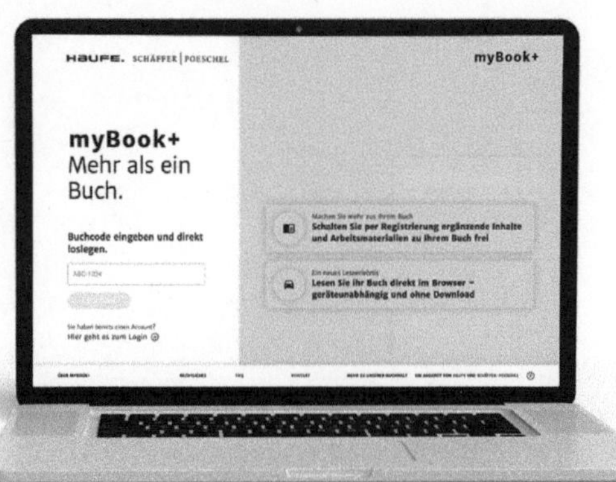

Anlagevermögen

Jean Bramburger, Michele Schwirkslies

Anlagevermögen

Bilanzierung, Bewertung, Gestaltung

1. Auflage

Haufe Group
Freiburg · München · Stuttgart

Bibliografische Information der Deutschen Nationalbibliothek

Die Deutsche Nationalbibliothek verzeichnet diese Publikation in der Deutschen Nationalbibliografie; detaillierte bibliografische Daten sind im Internet über http://dnb.dnb.de/ abrufbar.

Print: ISBN 978-3-648-16858-5 Bestell-Nr. 10882-0001
ePub: ISBN 978-3-648-16859-2 Bestell-Nr. 10882-0100
ePDF: ISBN 978-3-648-16859-2 Bestell-Nr. 10882-0150

Jean Bramburger, Michele Schwirkslies
Anlagevermögen
1. Auflage, Mai 2023

www.haufe.de
info@haufe.de

Bildnachweis (Cover): © iStock.com/anyaberkut

Produktmanagement: Dipl.-Kfm. Kathrin Menzel-Salpietro
Lektorat: Ulrich Leinz

Inhaltsverzeichnis

Vorwort

Das Anlagevermögen ist ein wesentlicher Bestandteil des Unternehmensvermögens und damit auch Teil der Bilanz des jeweiligen Unternehmens. Die vom Handelsrecht aufgestellten Bilanzierungs- und Bewertungsansätze übernimmt das Steuerrecht nicht in jedem Fall, sondern gibt dem Unternehmer vielmehr eigene Vorschriften zur Beachtung auf. Dies bedingt oft auch ein Auseinanderfallen der Handels- von der Steuerbilanz.

Der Bilanzposten Anlagevermögen informiert den Leser der Bilanzen sowohl über das Vermögen als auch das Investitionsverhalten des Unternehmens. Die bilanz- und ergebnispolitischen Gestaltungsalternativen sowie die finanzwirtschaftlichen Auswirkungen der Bilanzierung und Bewertung haben vor allen Dingen auch für die Zukunft mit Blick auf die Unternehmensentwicklung, die Unternehmensnachfolge und Außenfinanzierungen starke Relevanz. Mit sinnvollen Anschaffungen und Bilanzausweisen lässt sich dauerhaft wirtschaften und investieren.

Dieses Buch soll Anlagenbuchhaltern, Fach- und Führungskräften des Finanz- und Rechnungswesens sowie Prokuristen, Geschäftsführern und Mitarbeitern der Bilanzabteilungen und Steuerkanzleien einen Leitfaden durch die Bilanzierung, Bewertung und Gestaltung nach handels- und steuerrechtlichen Vorschriften geben. Ergänzt durch zahlreiche Praxisbeispiele finden sich viele Tipps für den betriebswirtschaftlichen und/oder steuerlichen Ausweis.

Viel Erfolg wünschen Ihnen
Jean Bramburger, Michele Schwirkslies

PS: Aus Gründen der besseren Lesbarkeit wird bei Personenbezeichnungen und personenbezogenen Hauptwörtern in diesem Buch das generische Maskulinum verwendet. Entsprechende Begriffe gelten im Sinne der Gleichbehandlung grundsätzlich für alle Geschlechter.

Vorwort

1 Abgrenzung Anlagevermögen

1.1 Unterschiede zwischen Anlagevermögen und Umlaufvermögen

§ 247 Abs. 1 HGB schreibt vor, dass der Unternehmer in seiner Bilanz das Anlage- und Umlaufvermögen, das Eigenkapital, die Schulden sowie die Rechnungsabgrenzungsposten gesondert auszuweisen und hinreichend aufzugliedern hat. Damit bestimmt das Gesetz den Rahmen der zu bilanzierenden Vermögensgegenstände in der Handelsbilanz. Über den Grundsatz der Maßgeblichkeit der Handels- für die Steuerbilanz nach § 5 Abs. 1 EStG gilt dies, bis auf gesondert im Gesetz genannte Ausnahmen, auch für die Steuerbilanz.

§ 247 Abs. 2 HGB benennt, was unter *Anlagevermögen* zu verstehen ist: Als Anlagevermögen sind Gegenstände zu bilanzieren bzw. in der Bilanz auszuweisen, die dauernd dem Geschäftsbetrieb dienen sollen.

Eine gesetzliche Definition des *Umlaufvermögens* als Gegenposition zum Anlagevermögen gibt es nicht, es hat sich jedoch in der Literatur und auch der täglichen Praxis durchgesetzt, dass alle Vermögensgegenstände, die nicht unter die Definition des Anlagevermögens subsumiert werden können, als Umlaufvermögen gelten. Mithin handelt es sich beim Umlaufvermögen um Vermögensgegenstände, die nicht dazu bestimmt sind, dem Geschäftsbetrieb des Unternehmers dauernd zu dienen.

Doch was genau für Gegenstände, die dauernd dem Geschäftsbetrieb dienen, meint der Gesetzgeber mit den im Handelsrecht gebräuchlichen Vermögensgegenständen im Sinne des § 246 Abs. 1 HGB? Als Gegenstände bzw. Vermögensgegenstände kommen in Betracht Sachanlagen sowie immaterielle und finanzielle Anlagen.

Mit der Eigenschaft des »dauernden Dienens« ist die immerwährende Nutzung im Geschäftsbetrieb des Unternehmens gemeint. D. h., der Vermögensgegenstand muss so in die Betriebsabläufe des Geschäftsbetriebs eingegliedert sein, dass er eine längere Zeit dort genutzt werden kann. Die nachhaltige betriebliche Nutzung ist hierbei ausreichend[1]. Die steuerliche Definition meint laut Rechtsprechung, dass der Gegentand zur wiederholten Nutzung zur Verfügung stehen muss[2]. Die Dauerhaftigkeit der Nutzung eines Vermögensgegenstandes hängt von der beabsichtigten Verwendung durch den Unternehmer ab. Ob ein Vermögensgegenstand dem Anlagevermögen zuzuord-

1 Vgl. unterschiedliche Formulierungen in BFHE 272, 65 im Zusammenhang mit angemieteten oder gepachteten Wirtschaftsgütern.

2 BFH-Urteil, 26.11.1974, BStBl. II 1975, 352.

nen ist oder nicht, hängt damit wesentlich von der Zweckbestimmung ab[3]. Die entsprechende Bilanzierung durch den Unternehmer kann für die bilanzielle Zuordnung eine Indizwirkung haben. Entscheidend ist und bleibt letztlich, wie der Vermögensgegenstand tatsächlich im Geschäftsbetrieb genutzt wird bzw. welche Nutzung zum Zeitpunkt der Anschaffung beabsichtigt ist. Ist eine Weiterveräußerung bereits zum Zeitpunkt der Anschaffung geplant und beabsichtigt, spricht die Subsumtion des Gesetzes (§ 247 Abs. 2 HGB) für das Vorliegen von Umlaufvermögen.

Von *Umlaufvermögen* kann ausgegangen werden, wenn der Vermögensgegenstand dem Geschäftsbetrieb nur einmalig dient und nach seiner Anschaffung verbraucht oder veräußert wurde[4]. Die Tatsache, dass ein Vermögensgegenstand dem Anlagevermögen zugeordnet wird, ändert sich nicht, nur weil nach mehrmaliger Verwendung Verschleiß oder Schwund eintritt[5].

MERKE

Soll der angeschaffte Vermögensgegenstand dem Geschäftsbetrieb langfristig dienen und besteht bei Erwerb keine Verbrauchs- oder Veräußerungsabsicht, kann in der Regel vom Vorliegen von Anlagevermögen ausgegangen werden.

Die folgende Tabelle zeigt Beispiele für Vermögensgegenstände des Anlage- bzw. des Umlaufvermögens.

Anlagevermögen	Umlaufvermögen
Dienstwagen	Werbeartikel
Musterhäuser	Warenbestände
Vorführwagen im Kfz-Handel[6]	Forderungen aus Lieferungen und Leistungen
betriebliche genutzte Büro-/Produktionsimmobilie, soweit sie im Eigentum des Unternehmens steht	Kassenbestände
kundebezogene Werkzeuge (zur Abarbeitung mehrerer Aufträge eines Kunden)	Werkzeuge, die im Unternehmen genutzt und verschlissen werden (Roh-, Hilfs- und Betriebsstoffe)

Tab. 1: Beispiele für Vermögensgegenstände des Anlage- und Umlaufvermögens.

Für den Ausweis der Vermögensgegenstände kommt es immer auf die Betrachtung zum jeweiligen Bilanzstichtag an. Zu berücksichtigen sind dennoch auch nach dem

3 R 6.1 Abs. 1 Satz 2 EStR (2021).
4 BFH-Urteil, 31.5.2001, BFH NV, 1485, 1486.
5 BFH-Urteil, 11.4.1986, BStBl. II, 551 und OFD Berlin 10.11.1992 FR 1993, 249.
6 BFH-Urteil, 17.11.1981 BStBl. II 1982, 344.

Bilanzstichtag eingetretene Änderung, wenn es sich um sogenannte wertaufhellende Ereignisse handelt.

- Werthaufhellende Ereignisse meint Ereignisse, die vor dem Bilanzstichtag verursacht wurden, aber erst in dem Zeitraum zwischen Bilanzstichtag und Bilanzaufstellung bekannt werden.
- Im Unterschied zu den wertaufhellenden Ereignissen bleiben die sogenannten wertbegründenden Ereignisse bei der Bilanzerstellung außen vor. Bei wertbegründenden Ereignissen handelt es sich um Ereignisse, die nach dem Bilanzstichtag versursacht wurden und auch erst zwischen Bilanzstichtag und Bilanzaufstellung bekannt werden.

Wertaufhellende und wertbeeinflussende Ereignisse

Wertaufhellende Ereignisse sind zum Bilanzstichtag zu berücksichtigen, nicht hingegen wertbegründende Ereignisse.

Beispiel

Der Unternehmer Hieronymus lässt seinen Jahresabschluss, bestehend aus Bilanz und Gewinn- und Verlustrechnung, zum 31.12.01 von seinem Steuerbüro im April 02 erstellen. Im Dezember 01 hat der Unternehmer Hieronymus eine Produktionsmaschine aus seinem Warenlager entnommen, um diese für die eigene Produktion zu verwenden. Eine buchhalterische Würdigung wurde von Hieronymus hierfür bislang nicht vorgenommen. Im Rahmen der Abstimmung der Warenbestände zum Bilanzstichtag 31.12.01 erfährt das Steuerbüro im März 02 davon. Bei der Umgliederung des Umlaufvermögens in das Anlagevermögen durch die Entnahme der Maschine aus dem Warenlager handelt es sich um ein wertaufhellendes Ereignis, das zum Bilanzstichtag 01 berücksichtigt werden muss.

Wie dieses Beispiel zeigt, kann es auch zu einer Umgliederung von, in einem ersten Schritt als Anlagevermögen, bilanzierten Vermögensgegenständen kommen. Ähnlich verhält es sich, wenn der Unternehmer eigentlich zum Verkauf bestimmte Vermögensgegenstände langfristig vermietet oder verleast[7]. Dasselbe gilt bei Anzahlungen, die auf Vermögensgegenstände erbracht werden, die dem Umlaufvermögen zugeordnet werden. Steht bereits zwischen dem Zeitpunkt der Anzahlung und der Lieferung fest, dass der Vermögensgegenstand dem Geschäftsbetrieb dauernd dienen wird, muss eine Umgliederung der Anzahlung erfolgen. Hierfür stehen dann unter anderem die dem Anlagevermögen zugeordneten Konten der Standardkontenrahmen »Geleistete Anzahlungen auf immaterielle Vermögensgegenstände«, »Geleistete Anzahlungen und Anlagen im Bau«, »Anzahlungen auf Grund und Boden«, »Anzahlungen auf Geschäfts-, Fabrik- und anderen Bauten auf eigenen Grundstücken«, »Anzahlungen auf Wohnbauten auf eigenen Grundstücken«, »Anzahlungen auf technische Anlagen und Maschinen« und ähnliche zur Verfügung.

7 BFH-Urteil, 5.2.1987 BStBl. II, 448.

Mit der Stilllegung einer betrieblich genutzten Maschine erfolgt keine Umwidmung von Anlage- in Umlaufvermögen. Das gilt jedenfalls so lange, wie die Maschine noch als Reservevermögen vorgehalten, gewartet und gepflegt werden kann. Solange keine Entscheidung darüber getroffen ist, ob die Maschine verschrottet oder wieder genutzt wird, bestehen keine Bedenken, den Bilanzansatz als Anlagevermögen bis zum Abgang aus dem Geschäftsbetrieb beizubehalten[8].

Warum ist die Eingruppierung in Anlage- oder Umlaufvermögen so wichtig? Die Einordnung als Anlagevermögen hat bilanzielle und steuerrechtliche Folgewirkungen. Anlagevermögen wird, soweit es sich um abnutzbares Anlagevermögen handelt, über seine betriebsgewöhnliche Nutzungsdauer abgeschrieben. Die Einordnung des Anlagevermögens erfolgt im Rahmen der Aufstellung der Bilanz in bestimmten, gesetzlich vorgegebenen Gliederungspunkten[9]. Für bestimmte Vermögensgegenstände, zum Beispiel selbsthergestellte immaterielle Vermögensgegenstände des Anlagevermögens, sind nur bestimmte Anschaffungskosten aktivierbar.

1.2 Anschaffungskosten und Herstellungskosten

1.2.1 Anschaffungskosten

Das Handelsrecht definiert in § 255 Abs. 1, 2 und 2a HGB die Begriffe Anschaffungskosten und Herstellungskosten. Die Anschaffungs- und Herstellungskosten stellen die Wertobergrenzen der Bewertung von Vermögensgegenständen dar. Gleichzeitig stellen Sie die Zugangswerte dar, mit denen der Unternehmer die Vermögensgegenstände erstmals bilanziert. Als Anschaffungskosten definiert § 255 Abs. 1 HGB:

> Anschaffungskosten sind die Aufwendungen, die geleistet werden, um einen Vermögensgegenstand zu erwerben und ihn in einen betriebsbereiten Zustand zu versetzen, soweit sie dem Vermögensgegenstand einzeln zugeordnet werden können. Zu den Anschaffungskosten gehören auch die Nebenkosten sowie die nachträglichen Anschaffungskosten. Anschaffungspreisminderungen, die dem Vermögensgegenstand einzeln zugeordnet werden können, sind abzusetzen.

Die Anschaffung eines Vermögensgegenstandes führt damit regelmäßig nicht zu einer Gewinnrealisierung, weil es sich um eine neutrale Vermögensverschiebung handelt (zumeist: Vermögensgegenstand gegen Geld und damit einen Aktivtausch). Diese Erfolgsneutralität steht im Einklang mit dem Realisationsprinzip.

---

8 Schubert/Huber, F. (2020), Beck`scher Bilanzkommentar, 12. Auflage, Rz. 361 zu § 247 HGB.

9 Siehe § 266 HGB.

Die Summe der Anschaffungskosten lassen sich wie folgt darstellen:

Bezeichnung	Betrag in EUR	Gesamtsaldo
Anschaffungspreis (Kaufpreis netto)		
zzgl. Nebenkosten der Anschaffung		
zzgl. nachträgliche Anschaffungskosten		
zzgl. Aufwendungen, um den Vermögensgegenstand in den betriebsbereiten Zustand zu versetzen		
abzgl. Anschaffungspreisminderungen		
zzgl. nicht abzugsfähige Vorsteuer		
= Anschaffungskosten gem. § 255 Abs. 1 HGB		

Zumeist ist die Bestimmung des Anschaffungspreises leicht, weil der Anschaffung eines Vermögensgegenstandes ein Kaufvertrag zugrunde liegt und in diesem der Kaufpreis bestimmt ist.

Vorsteuerbeträge

Die abzugsfähige Vorsteuer ist kein Bestandteil der Anschaffungskosten, sondern als Forderung gegenüber dem Finanzamt einzustellen.

Die nicht abzugsfähige Vorsteuer stellt hingegen einen Teil der Anschaffungskosten dar (Bestandteil des Kaufpreises).

Weiß der Unternehmer bereits zum Zeitpunkt der Anschaffung (Übergang von Nutzen und Lasten; Verschaffung der Verfügungsmacht), dass der angeschaffte Vermögensgegenstand wertlos ist, stellt der Kaufpreis keine Anschaffungskosten im Sinne des § 255 Abs. 1 HGB dar. Sollte der Vermögensgegenstand mit Fremdwährung erworben werden, müssen die Anschaffungskosten mittels Mittelkassakurs zum Zeitpunkt der Anschaffung umgerechnet werden.

Neben den originären Anschaffungskosten inklusive Anschaffungsnebenkosten, gibt es auch Aufwendungen, die der Unternehmer in zeitlichem und wirtschaftlichem Zusammenhang mit dem Anschaffungsvorgang tätigt. Sind diese Aufwendungen nicht mehr durch den Anschaffungsvorgang an sich verursacht, kann es sich um Herstellungskosten oder sofort abzugsfähigen Aufwand handeln.

Steuerlich gibt es hier eine Ausnahme in § 6 Abs. 1 Nr. 1a EStG. Aufwendungen für die Instandsetzung und Modernisierung von Gebäuden, die innerhalb von 3 Jahren nach der Anschaffung vorgenommen und durchgeführt werden, stellen anschaffungsnahe Herstellungskosten dar, wenn die Aufwendungen (ohne Umsatzsteuer) 15 % der originären Anschaffungskosten übersteigen. Grundsätzlich fallen jedoch nur solche Aufwendungen unter die Anschaffungskosten, die dem Vermögensgegenstand einzeln zugeordnet werden können, vgl. § 255 Abs. 1 Satz 1 letzter Halbsatz HGB. Ohne es in § 255 HGB direkt gesetzlich festzuhalten, gehören jedoch im Umkehrschluss Gemeinkosten nicht zu den Anschaffungskosten, da diese dem Vermögensgegenstand nicht einzeln zugeordnet werden können.

Abweichung zwischen Handels- und Steuerbilanz

Der Begriff der anschaffungsnahen Herstellungskosten ist ein steuerlich geprägter Begriff, weshalb es durch die Aktivierung von steuerlichen anschaffungsnahen Herstellungskosten im Sinne des § 6 Abs. 1 Nr. 1a EStG zu einer Abweichung im Vergleich zur Handelsbilanz kommen kann, wenn die vorgenommene wesentliche Verbesserung nicht auch den Kriterien des Handelsrechts entspricht.

Der Gesetzgeber schließt nur die unmittelbaren Anschaffungskosten in den Anschaffungskostenbegriff ein, nicht hingegen die mittelbaren Aufwendungen. Bei den mittelbaren Aufwendungen handelt es sich zum Beispiel um die Finanzierungskosten zum Erwerb eines Vermögensgegenstandes.

Zu den Anschaffungskosten gehören neben dem Kaufpreis an sich auch die sog. Anschaffungsnebenkosten. Hierunter sind Aufwendungen zu verstehen, die in unmittelbarem Zusammenhang mit dem Erwerb und der erstmaligen Versetzung des Anlagegutes in den betriebsbereiten Zustand stehen. Wie auch bereits für den gesetzlich definierten Begriff der Anschaffungskosten, gilt auch für die Anschaffungsnebenkosten der Grundsatz der Einzelkosten. Nur Einzelkosten, die dem Vermögensgegenstand unmittelbar zugerechnet/zugeordnet werden können, gehören zu den Anschaffungs- oder Anschaffungsnebenkosten. Gemeinkosten, also solche Kosten, die dem Vermögensgegenstand nicht direkt zugeordnet werden können, sind von der Aktivierung ausgeschlossen. Bei den Anschaffungsnebenkosten wird in der Literatur vielfach zwischen den externen und intern anfallenden Nebenkosten unterschieden. Wobei sich diese Aufwendungen nach einem zeitlichen Aspekt unterscheiden lassen, nämlich den Aufwendungen, die vor dem Erwerb des Vermögensgegenstandes und den Aufwendungen, die im Zusammenhang mit dem Erwerb anfallen. In der Literatur wird die Meinung vertreten, dass die Aufwendungen, die vor dem Erwerb eines Vermögensgegenstandes anfallen, nicht aktiviert werden dürfen. Dies wird durch die BFH-Rechtsprechung nur insoweit bestätigt, als dass die Aufwendungen die vergeblichen Aufwendungen betreffen[10]. Als Beispiele für Aufwendungen, die vor dem Erwerb eines Vermögensgegenstandes anfallen, lassen sich folgende nennen:

- Marktstudien vor der Produktion und Einführung eines Produktes in den Markt,
- Besichtigungsreisen vor der Erwerbsentscheidung,

10 BFH-Urteil vom 15.4.992, III R 96/88, BStBl. II, 819.

- Due Diligence-Aufwendungen oder
- sog. feasibility studies (Machbarkeitsstudien).

Der Zeitpunkt ist deshalb entscheidend für die nachfolgende bilanzielle Beurteilung und Verbuchung der entstandenen Aufwendungen, denn nur wenn bereits ein Vermögensgegenstand vorhanden ist, können diesem Nebenkosten zugeordnet werden.

Bleiben wir bei dem Fall der Aufwendungen für eine Due-Diligence-Prüfung; die Prüfung wird von einem potenziellen Käufer eines Unternehmens in Auftrag gegeben, um eine finale Kaufentscheidung fällen zu können. Sollte es nach dem Erstellen der Due-Diligence-Prüfung nicht zu einem Erwerb des zuvor bewerteten Unternehmens kommen, handelt es sich um sofort abzugsfähige Aufwendungen, weil kein Vermögensgegenstand (Unternehmen) erworben wurde, dem diese Kosten ggf. zugeordnet werden könnten. Sollte es nach dem Erstellen der Due-Diligence-Prüfung hingegen zu einem Erwerb des bewerteten Unternehmens kommen, können die Aufwendungen für die Due-Diligence-Prüfung als zukünftig zu aktivierende Aufwendungen vorerst im Aufwand verbucht werden, um diese später, bei Erwerb des Unternehmens, als Nebenkosten umzugliedern. In der Praxis hat sich hierbei die Verwendung eines Verrechnungskontos bis zum Abschluss der Kaufverhandlungen etabliert.

Mit den extern anfallenden Nebenkosten sind unter anderem die Aufwendungen der Lieferung, Steuern und öffentliche Abgaben und Aufwendungen des Einkaufs zu verstehen. Unter die Aufwendungen für die Lieferung von Vermögensgegenstände fallen unter anderem:

- Transportversicherungen,
- Speditionskosten,
- Anfuhrkosten,
- Frachten oder
- Abladekosten.

Unter die Aufwendungen für Steuern und öffentliche Abgaben für Vermögensgegenstände des Anlagevermögens fallen unter anderem:

- Anliegerbeiträge,
- (Erst-)Erschließungsbeiträge,
- Eingangszölle,
- Notarkosten für den Erwerb (nicht für die Finanzierung des Erwerbs),
- Gerichtskosten,
- Gebühren zum Beispiel für die Grundbucheintragung eines Eigentümerwechsels (gilt nicht für die Eintragung von Grundschulden) oder
- Grunderwerbsteuer für den unmittelbaren Grundstückserwerb (gilt nicht bei anfallender Grunderwerbsteuer aufgrund von Anteilsvereinigungen nach dem GrEStG).

Unter die Aufwendungen für den Einkauf von Vermögensgegenständen des Anlagevermögens fallen unter anderem:

- Maklergebühren,
- Courtage und
- Provisionen.

Mit den intern anfallenden Nebenkosten sind unter anderem Arbeitsleistungen im eigenen Unternehmen gemeint, die den erworbenen Vermögensgegenstand in einen betriebsbereiten Zustand versetzen. Besondere Bedeutung haben die intern anfallenden Nebenkosten bei der Installation von Individualsoftware (sog. ERP-Software). In dem BMF-Schreiben vom 18.11.2005[11] wird von der Finanzverwaltung unter dem Punkt Anschaffung folgendes dargestellt: Ist der Gegenstand der Verträge mit dem Anbieter und/oder mit Dritten ein eingerichtetes Softwaresystem (Erwerb einer Standardsoftware und ihre Implementierung), liegt ein aktivierungspflichtiger Anschaffungsvorgang vor. Dies gilt auch, wenn die erworbene Standardsoftware ganz oder teilweise mit eigenem Personal implementiert wird (Herstellung der Betriebsbereitschaft)[12]. Die erforderliche Implementierung der ERP-Software macht diese nicht zu einer Individualsoftware und führt damit nicht zu einem Herstellungsvorgang, wenn keine wesentlichen Änderungen am Quellcode vorgenommen werden; die Anpassung an die betrieblichen Anforderungen (sog. Customizing) erfolgt regelmäßig ohne Programmierung[13]. Ein Indiz für wesentliche Änderungen am Quellcode ist gegeben, soweit diese Auswirkungen auf die zivilrechtliche Gewährleistung des Software-Herstellers haben[14].

Eine abweichende Meinung vertritt hierzu der IDW[15]. Nach der Auffassung des IDW stellen Anschaffungsvorgänge von Programmteilen, die selbstständig nutzbar sind, eigenständige Anschaffungsvorgänge dar. Ansonsten gehen die Programmteile im Projekt ERP-Software unter und führen entweder zu Herstellungskosten oder Anschaffungskosten.

Ein Anschaffungsvorgang kann auch dann vorliegen, wenn dem Leasingnehmer im Rahmen eines Leasingvertrags der Leasinggegenstand zugerechnet wird. Ob und wann der Leasinggegenstand dem Leasingnehmer zugeordnet wird, ergibt sich aus dem Leasing-Erlass für bewegliche und unbewegliche Vermögensgegenstände/Wirtschaftsgüter[16].

---

11 BMF-Schreiben vom 18.11.2005, IV B 2 – S 2172 – 37/05, BStBl I, 1025.
12 BMF-Schreiben vom 18.11.2005 IV B 2 – S 2172 – 37/05, BStBl. I, 1025 Rz. 3.
13 BMF-Schreiben vom 18.11.2005 IV B 2 – S 2172 – 37/05, BStBl. I, 1025 Rz. 4 S. 1.
14 BMF-Schreiben vom 18.11.2005 IV B 2 – S 2172 – 37/05, BStBl. I, 1025 Rz. 4 S. 3.
15 IDW RS HFA 11, Tz. 17.
16 BMF-Schreiben vom 21.3.1972, BStBl I S. 188.

1.2.1.1 ABC der typischen Anschaffungskosten

- Abbruchkosten
- Ablösung Nießbrauch/Nießbrauchrecht
- Ablösung eines Erbbaurechts
- Abfindungszahlung an Gesellschafter aus dem Gesellschaftsvermögen einer Kapitalgesellschaft oder Personengesellschaft
- Abstandszahlung zur Errichtung eines Neubaus
- Auflassungskosten
- Beteiligung an Kapitalgesellschaften/Personengesellschaften
- Besichtigungskosten nach Erwerb der Immobilie/des Grundstücks
- Bitcoins
- Bodenschätze
- Disagio/Damnum
- Emissionsberechtigungen nach dem Treibhausemissionshandelsgesetz
- Erschließungskosten, erstmalig
- Grunderwerbsteuer
- Grundbuchkosten
- Kapitalanlagen
- kundengebundene Formen
- Lebensversicherungen
- Logistikkosten, die durch externe Spediteure anfallen
- Maklergebühren
- Montagekosten zur Herstellung der Betriebsbereitschaft
- Meistgebot im Rahmen einer Zwangsversteigerung
- Notarkosten für die Beurkundung von Grundstückskaufverträgen
- Parzellierungskosten
- Planierungskosten
- Provisionen für die Vermittlung von Grundstücken
- Prozesskosten (wenn der Rechtsstreit an sich die Anschaffungskosten betrifft)
- Räumungskosten und Mieterabfindungen
- Reisekosten nach Erwerb der Immobilie/des Grundstücks
- Rente zum Erwerb eines Vermögensgegenstandes gegen Rentenzahlung
- Software
- Straßenanliegerbeiträge
- Vorsteuerbeträge, soweit sie nicht abziehbar sind
- Vermessungskosten, die beim Erwerb eines Grundstücks anfallen usw.
- Vermittlungsprovisionen
- Versteigerungskosten
- Zufahrtsrechte, Aufwendungen für

1.2.1.2 Anschaffungspreisminderungen und -erhöhungen

Kommt es nachträglich zu Änderungen des ursprünglich vereinbarten Kaufpreises, handelt es sich um sog. Kaufpreisänderungen, die ebenfalls zu berücksichtigen sind gem. § 255 Abs. 1 Satz 3 HGB. Obwohl gesetzlich nur die Anschaffungspreisminderungen erwähnt sind, gilt jedoch nichts anderes für die Anschaffungspreiserhöhungen. Hierbei ist nicht auf eine bestimmte Zeit der eintretenden Änderungen abzustellen, auch Jahre nach einer Anschaffung kann es zu Änderungen des Kaufpreises kommen.

Anschaffungspreisminderungen und -erhöhungen haben nur dann Auswirkungen auf die Höhe der aktivierten Anschaffungskosten, wenn sie dem Vermögensgegenstand einzeln zugeordnet werden können. Die Anschaffungspreisänderungen wirken sich in dem Zeitpunkt aus, indem die Minderung oder Erhöhung eintritt. Eine Rückwirkung auf den Zeitpunkt der Anschaffungskosten wird nicht vorgenommen.

1.2.1.3 ABC der typischen Anschaffungspreisminderungen/-erhöhungen

- Minderung des Kaufpreises bei Schlechtlieferung
- Kaufpreisänderung durch Vergleich oder Minderung wegen Mängel im Prozessweg
- Rabatte
- Boni[17]
- Skonti[18]
- Kaufpreisanpassungsklauseln (Earn out-Klauseln)
- Konventionalstrafen für Nichteinhaltung des Lieferzeitpunktes
- nachträgliche Preiskorrekturen (zum Beispiel, wenn eine Grundstücksfläche noch vollständig ausgemessen werden muss etc.)
- verdeckte Preisnachlässe usw.

Wurde ein umsatz- oder mengenmäßiger Bonus vereinbart, kommt es nur zu einer Anschaffungskostenminderung, wenn sich der Bonus, auf einen angeschafften Vermögensgegenstand bezieht, der sich noch im Bestand des Unternehmens befindet. Auch kann es durch Zahlungen Dritter zu Anschaffungspreisminderungen kommen, zum Beispiel bei öffentlichen Subventionsdarlehen, die zu einem späteren Zeitpunkt in einen verlorenen Zuschuss umgewandelt werden[19].

17 Knop/Küting in Küting/Pfitzer/Weber (Hrsg.), Handbuch der Rechnungslegung – Einzelabschluss, 5. Aufl., Tz. 62; a. A. ADS, 6. Aufl., § 255 Tz. 50.

18 BFH-Urteil vom 27.2.1991 – I R 176/84, BStBl II S. 456.

19 BFH-Urteil vom 7.12.2010 – IX R 46/09, BFH/NV 2012 S. 1023.

1.2.1.4 Nachträgliche Anschaffungskosten

§255 Abs. 1 Satz 2 HGB weist explizit darauf hin, dass es neben den Anschaffungskosten auch nachträgliche Anschaffungskosten gibt, die den Anschaffungskosten zuzuordnen sind. Dabei regelt das Gesetz keine ausdrückliche Zeitspanne, sodass auch Jahre nach der Anschaffung noch nachträgliche Anschaffungskosten anfallen können. Einzige Voraussetzung für die Einordnung als nachträgliche Anschaffungskosten ist das Vorliegen eines unmittelbaren wirtschaftlichen Zusammenhangs zwischen der ursprünglichen Anschaffung und diesen Kosten. Die nachträglichen Anschaffungskosten lösen keine rückwirkende Änderung der ursprünglichen Anschaffungskosten aus, sondern erhöhen die Anschaffungskosten ab deren entstehen.

Beispiel

Im Grundstücksbereich führen zum Beispiel Erschließungsbeiträge für die erstmalige Anlage einer Straße, den erstmaligen Anschluss an eine Kanalisation oder an die Strom- und Gasversorgung, die nach dem Erwerb eines Grundstücks anfallen und meist erst zeitlich versetzt zum Kaufvertrag von den Gemeinden festgesetzt werden, zu nachträglichen Anschaffungskosten des Grundstücks.

Kommt es aufgrund dieser Neuerungen zu einer Werterhöhung des Grundstücks, liegt ein unmittelbarer wirtschaftlicher Zusammenhang vor und die Aufwendungen müssen dem Grundstück zugerechnet werden. Der sofortige Abzug als Betriebsausgaben im Zeitpunkt der Verausgabung entfällt. Kommt es jedoch bei einem vorhandenen Anschluss an die Kanalisation oder das Strom- und Gasnetz zu einer Erneuerung der Leitungen, handelt es sich um sofort abziehbare Instandhaltungs-/Erhaltungsaufwendungen (sog. Ergänzungsbeiträge).

1.2.1.5 ABC der typischen nachträglichen Anschaffungskosten

- Aufwendungen für Rechtsstreitigkeiten, zum Beispiel wegen der Höhe der Grunderwerbsteuer oder Grundsteuer,
- nachträglich geleistete Zahlungen für die Aufgabe von bestehenden Grundpfandrechten, die auf dem erworbenen Grundstück liegen (→ nachträgliche Anschaffungskosten für den Grund und Boden[20]),
- im Rahmen einer, nach dem Erwerb, erfolgten Betriebsprüfung, bei der die abzugsfähigen Vorsteuern gekürzt wurden,
- Zahlungen zur Ablösung eines Nießbrauchrechts, wenn das Grundstück oder die Immobilie mit einer Nießbrauchlast erworben wurde usw.

20 BFH-Urteil vom 7.6.2018 – IV R 37/15.

Achtung

Wird durch die Aufwendungen des Unternehmers ein angeschaffter Vermögensgegenstand bearbeitet und dabei in seiner Wesensart so verändert, dass ein neuer Vermögensgegenstand entstanden ist, handelt es sich nicht mehr um nachträgliche Anschaffungskosten, sondern um einen neu entstandenen Vermögensgegenstand. Die hierfür geleisteten Aufwendungen stellen Anschaffungskosten des neuen Vermögensgegenstandes dar. Auch für diesen können wiederrum nachträgliche Anschaffungskosten anfallen.

1.2.2 Herstellungskosten

Neben den Anschaffungskosten bilden die Herstellungskosten die Aufwendungen, mit denen am häufigsten eine Zugangsbewertung im Handels- und Steuerrecht vorgenommen wird. Unter den Anwendungsbereich der Herstellungskosten fallen folgende Vorgänge gem. § 255 Abs. 2 Satz 1 HGB:

- Herstellung und Neuerstellung von Vermögensgegenständen,
- Erweiterung eines Vermögensgegenstandes und
- Verbesserung eines Vermögensgegenstandes über seinen ursprünglichen Zustand hinaus.

Es handelt sich um eine gesetzlich abschließende Aufzählung, sodass keine weiteren Tatbestände als die im Gesetz genannten zu einer Herstellung führen können.

Der BFH hat Grundsätze entwickelt, wann eine aktvierungspflichtige Erweiterung oder eine wesentliche Verbesserung anzunehmen ist. Diese Grundsätze wurden im Wesentlichen aus der Beurteilung von Gebäuden entwickelt, sind aber auch darüber hinaus anwendbar. Unter die Erweiterung und wesentlichen Verbesserungen fallen in der Regel Modifikationen oder Wesensänderungen, wenn sich die Funktion oder die Zweckbestimmung eines Vermögensgegenstandes in der Weise ändert, dass ein neuer Vermögensgegenstand geschaffen wurde.

Die Herstellung eines Vermögensgegenstandes kann sowohl im eigenen Unternehmen erfolgen als auch durch fremde Unternehmen. Der häufigste Anwendungsfall der Herstellung ist die Produktion von Vermögensgegenständen durch den Unternehmer im eigenen Unternehmen zum späteren Verkauf an Kunden. Diese Vermögensgegenstände sind dann folgerichtig aufgrund der Veräußerungsabsicht bereits beim Herstellungsvorgang im Umlaufvermögen einzuordnen und zu bilanzieren. Es gilt jedoch dasselbe bei Vermögensgegenständen, die für das Anlagevermögen hergestellt werden (insbesondere eigene Bürogebäude oder Software).

Die Herstellung an sich beginnt mit dem Herstellungsprozess, wobei es bereits Vorarbeiten geben kann, die jedoch dem Herstellungsprozess ggf. zuzuordnen sind (zum Beispiel Planungsarbeiten bei der Herstellung eines Gebäudes). Vorbereitungshandlungen, die unmittelbar der Herstellung eines Vermögensgegenstandes dienen, gehören nur dann zum Herstellungsvorgang, wenn der Vermögensgegenstand durch externe oder interne Vorgaben hinreichend konkretisiert ist[21]. Kommt es im Rahmen eines begonnenen Projektes zu Planungskosten für ein letztlich nicht errichtetes Objekt, liegt gemäß BFH-Rechtsprechung in folgenden Fällen kein sofort abzugsfähiger Aufwand vor, sondern Herstellungskosten:

- ein konventionelles Haus wird anstatt eines Fertighauses hergestellt[22],
- ein neuer Bauunternehmer wird mit der Fertigstellung der Gebäude beauftragt, weil es Unstimmigkeiten mit dem bisherigen Bauunternehmer gibt[23] oder
- Errichtung eines Hochbaus anstatt eines Flachbaus[24].

Im Unterschied zum Anschaffungsprozess ist der Herstellungsprozess zeitraumbezogen zu sehen. Der Herstellungsprozess endet mit der Betriebsbereitschaft des Vermögensgegenstandes und nicht erst mit dem Zeitpunkt, in dem der Vermögensgegenstand tatsächlich genutzt wird. Dennoch erfolgt auch die Bilanzierung von Herstellungskosten erfolgsneutral, wenn nicht bestimmte Wahlrechte ausgeübt werden.

In §255 Abs. 2 Satz 2, 3, 4 HGB wird definiert, welche Aufwendungen in die Herstellungskosten mit einzubeziehen sind, welche über ein Wahlrecht mit einbezogen werden können und welche nicht mit einbezogen werden dürfen. Unterschieden werden folgende 3 Stufen: Muss, Wahlrecht und Verbot.

21 IDW RS HFA 31 Rz 7 ff..
22 BFH-Urteil vom 8.4.1986 – IX R 82/82. BFH/NV 1986 S. 528.
23 BFH-Urteil vom 29.11.1983 – VIII R 173/81, BStBl I 1984 S. 306.
24 BFH-Urteil vom 6.3.1975, IV R 146/70, BStBl II S. 574.

1.2.2.1 Herstellungskosten (Muss): Aufwendungen der 1. Stufe

In der Literatur wird bei den folgenden Aufwendungen von Aufwendungen der 1. Stufe gesprochen, mithin solchen, die zu den Herstellungskosten gehören.

Herstellungskosten (Muss)
Fertigungseinzelkosten
+ Materialeinzelkosten
+ Sondereinzelkosten der Fertigung
+ Materialgemeinkosten
+ Fertigungsgemeinkosten
+ Verwaltungskosten für den Material- und Fertigungsbereich
+ Werteverzehr des Anlagevermögens
= Bewertungsuntergrenze (Mindestansatz)

1.2.2.2 Herstellungskosten (Wahlrecht): Aufwendungen der 2. Stufe

In der Literatur wird bei den folgenden Aufwendungen von Aufwendungen der 2. Stufe gesprochen, mithin solchen, die einbezogen werden dürfen.

Herstellungskosten (Wahlrecht)
Aufwendungen der allgemeinen Verwaltung
+ Aufwendungen für freiwillige soziale Leistungen
+ Aufwendungen für soziale Einrichtungen
+ Aufwendungen für die betriebliche Altersversorgung
+ Aufwendungen für Finanzierungen
= Bewertungsobergrenze (Höchstbetrag)

1.2.2.3 Herstellungskosten (Verbot): Aufwendungen der 3. Stufe

In der Literatur wird bei diesen Aufwendungen von Aufwendungen der 3. Stufe gesprochen, mithin solchen, die nicht mit einbezogen werden dürfen.

Herstellungskosten (Verbot)
Aufwendungen für den Vertrieb
+ Aufwendungen für die Forschung
= sofort abzugsfähige Aufwendungen

Unter das Aktivierungswahlrecht der Stufe 2 fallen bestimmte Finanzierungskosten. Dieses handelsrechtliche Wahlrecht stimmt mit dem steuerlichen Wahlrecht gem. R 6.3 Abs. 5 EStR überein. Dies gilt ebenso für das Wahlrecht der Aktivierung von Verwaltungsgemeinkosten, hier wird eine handels- und steuerbilanzielle einheitliche Aktivierung vorgenommen.

Das Wahlrecht zur Aktivierung von Finanzierungskosten darf nur ausgeübt werden, wenn das Fremdkapital dem Herstellungsvorgang sachlich dient (kausaler Zusammenhang) und die Fremdkapitalzinsen zeitlich auf den Herstellungsprozess entfallen. Unter die Finanzierungskosten fallen nur Fremdkapitalzinsen und ähnliche Zahlungen für Kapitalüberlassungen, mithin ausgeschlossen ist die Aktivierung von Zinsen die auf Beträge entfallen, die im Eigenkapital bilanziert wurden.

Folgen der Aktivierung von Zinsen auf ertragsteuerliche Hinzurechnungen

Macht der Unternehmer von dem Wahlrecht zur Aktivierung von Fremdkapitalzinsen als Herstellungskosten Gebrauch, scheidet gleichzeitig eine Hinzurechnung dieser Zinsen nach § 8a KStG, § 8 Nr. 1 GewStG, § 4 Abs. 4a EstG und § 4h EStG aus. Dass sich die Aufwendungen für Fremdkapitalzinsen im weiteren Verlauf über die Abschreibungen gewinn- und steuermindernd auswirken, hat auf diese Beurteilung keinen Einfluss. Dies sollten gerade Gesellschaften, die sich mit einer gewinnerhöhenden Hinzurechnung hoher Zinsen konfrontiert sehen würden bei der Wahlrechtsausübung der Bemessungsgrundlage ihrer Herstellungskosten als Alternative in Betracht ziehen.[25]

Das gilt analog für die Aktivierung von Miet- und Pachtzinsen, deren Hinzurechnung nach § 8 Nr. 1 GewStG entfällt, wenn sie als Herstellungskosten aktiviert wurden.[26]

25 BFH I R 19/02 BStBl II 04, 192.

26 BFH III R 24/18 BFHE 269, 342, BFH IV R 31/18 BFH/NV 21, 1367 – wird von der Finanzverwaltung noch nicht angewendet.

Unter das Einbeziehungsverbot fallen die Vertriebsaufwendungen. Hierzu gehören regelmäßig die Gemeinkosten für Werbung, Marktstudien, Ausstellungen, Reisekosten der Vertriebsabteilung aber auch Schulungen zur Verkaufsförderung des hergestellten oder in Herstellung befindlichen Produktes. Neben den Gemeinkosten für die soeben aufgeführten Aufwendungen, fallen auch die Sondereinzelkosten des Vertriebs für Verpackungsmaterialien, Verkaufsprovisionen und Lizenzgebühren unter das Aktivierungsverbot.

Bei den Forschungskosten ist eine Unterscheidung in Forschungs- und Entwicklungskosten vorzunehmen. Die Forschungsphase umfasst die Aktivitäten der Eroberung neuen Wissens, der Untersuchung von Produktalternativen oder Materialalternativen aber auch die Verbesserung von Produkten und Materialien. Die Entwicklungsphase umfasst das Herstellen von Entwürfen von Prototypen und deren Tests, das Erstellen eines Pilotprojektes für Produktionsanlagen oder aber auch das Herstellen von Schablonen und Formen für die Herstellung von Werkzeugen oder neuen Technologien.

Fehlende Unterscheidbarkeit von Forschungs- und Entwicklungsphase

Lässt sich anhand objektiver Kriterien keine Unterscheidung zwischen Forschungs- und Entwicklungsphase vornehmen, scheidet eine Aktivierung für beide Aufwendungen aus.

Beispiel

Die Hieronymus-GmbH hat sich auf die Herstellung von Möbeln und Küchenutensilien im Old School-Design spezialisiert. Eine Internetseite hat die GmbH bereits, auf dieser können die Kunden ihre angebotenen Waren auch direkt bestellen. Die Erstellung der Website erfolgte in folgenden Phasen:

- Studie über Machbarkeit, Formulierung Anforderungen an die Hard- und Software,
- Entwicklung sowie Test der Applikations-Software,
- Erstellen des Grafikdesigns,
- Direktbestellsystem entwickelt und
- laufende Wartung und Durchführung von regelmäßigen Updates auf der Seite

o

Aufwendungen, die nicht als Herstellungskosten aktiviert werden dürfen:

Machbarkeitsstudie → da es sich hierbei um Forschungskosten handelt

o

Aufwendungen, die als Herstellungskosten aktiviert werden dürfen:

Entwicklungskosten für Software-Applikationen → Entwicklungskosten

Grafikdesign → Entwicklungskosten

o

Die Aufwendungen für die laufende Wartung und das Installieren von regelmäßigen Updates fällt unter die Instandhaltungskosten und wird nicht über die Herstellungskosten in der Bilanz abgebildet.[27]

1.2.2.4 Überblick über die handelsrechtlichen und steuerrechtlichen Ansatzpflichten, Ansatzwahlrechte und Ansatzverbote

Folgende Tabelle gibt einen Überblick über die handelsrechtlichen und steuerrechtlichen Ansatzpflichten, Ansatzwahlrechte und Ansatzverbote:

Aufwandsart	Handelsrecht	Steuerrecht
Materialeinzelkosten	Aktivierungspflicht	Aktivierungspflicht
Fertigungseinzelkosten	Aktivierungspflicht	Aktivierungspflicht
Sondereinzelkosten der Fertigung	Aktivierungspflicht	Aktivierungspflicht
Variable Materialgemeinkosten	Aktivierungspflicht	Aktivierungspflicht
Variable Fertigungsgemeinkosten	Aktivierungspflicht	Aktivierungspflicht
Durch die Fertigung veranlasste planmäßige Abschreibung	Aktivierungspflicht	Aktivierungspflicht
Durch die Fertigung veranlasste planmäßige Abschreibung auf aktivierte selbst geschaffene immaterielle Vermögensgegenstände des Anlagevermögens	Aktivierungspflicht	Aktivierungsverbot
Allgemeine herstellungsbezogene Verwaltungskosten	Aktivierungswahlrecht	Aktivierungswahlrecht
Allgemeine nicht herstellungsbezogene Verwaltungskosten	Aktivierungswahlrecht	Aktivierungswahlrecht
Aufwendungen für soziale Einrichtungen des Betriebs	Aktivierungswahlrecht	Aktivierungswahlrecht
Freiwillige soziale Leistungen und Aufwendungen für die betriebliche Altersvorsorge (herstellungsbezogen)	Aktivierungswahlrecht	Aktivierungswahlrecht
Vertriebskosten	Aktivierungsverbot	Aktivierungsverbot
Forschungskosten	Aktivierungsverbot	Aktivierungsverbot

27 Nach Lüdenbach, IFRS-Ratgeber, 7. Auflage 2013, S. 86.

Aufwandsart	Handelsrecht	Steuerrecht
Entwicklungskosten	Wahlrecht bei selbst geschaffenen immateriellen Vermögensgegenständen des Anlagevermögens	Verbot bei selbst geschaffenen immateriellen Vermögensgegenständen des Anlagevermögens; Aktivierungspflicht/Aktivierungswahlrecht, sobald Herstellungskosten
Zinsen für Fremdkapital	Aktivierungswahlrecht	Aktivierungswahlrecht[28]

Tab. 2: Vergleich handels- und steuerrechtlicher Ansatzpflichten, -wahlrechte und -verbote

Unter die **Material- und Fertigungseinzelkosten** fallen Aufwendungen für Roh-, Hilfs- und Betriebsstoffe, Fertigungslöhne und auch Vorprodukte. Sollten Zahlungen im Rahmen von Schwarzmarktgeschäften oder Schneeballsystemen gezahlt werden, zählen auch diese unter die Einzelkosten und sind demnach zu aktivieren.

Unter die **Sonderkosten der Fertigung** fallen Aufwendungen für Planungsleistungen, Erstellung von Entwürfen und Ausgaben für Lizenzen.

Unter die **Material- und Fertigungsgemeinkosten** fallen Aufwendungen für den Transport und die Lagerung des Fertigungsmaterials, Raumkosten, Sachversicherungen, Vorbereitung und Kontrolle der Fertigung, Werkzeuglager, Betriebsleitung, Unfallverhütungseinrichtungen, Löhne einschließlich Sozialleistungen (inkl. Lohnfortzahlungen) und die Aufwendungen für das Lohnbüro, soweit die Aufwendungen auf die Abrechnung der Löhne und Gehälter der Mitarbeiter entfallen, die in der Fertigung arbeiten.[29] Die Gemeinkosten sind, im Unterschied zu den Einzelkosten, nicht direkt zuordenbar. Deshalb müssen Sie über Umlagen oder bestimmte vorher ermittelte Schlüssel auf die Herstellung ermittelt werden.

Unter die **allgemeinen Verwaltungskosten** fallen die Aufwendungen für die Geschäftsleitung, das Ausbildungs- und Personalwesen aber auch des Rechnungswesens.

Unter die **freiwilligen sozialen Aufwendungen** fallen die Aufwendungen für soziale Einrichtungen des Betriebs (zum Beispiel der Kantine), freiwillige soziale Leistungen, soweit sie arbeitsvertraglich oder tarifvertraglich vereinbart wurden und Aufwendungen für die betriebliche Altersvorsorge, soweit sie auf den Zeitraum der Herstellung entfallen.

28 entnommen aus Schubert/Hutzler (2020), Beck`scher Bilanzkommentar, 12. Auflage, Rz. 345 zu § 255 HGB.
29 R 6.3 Abs. 2 EStR.

Die **Aktivierung von Herstellungskosten** auf die verschiedenen Vermögensgegenstände hat immer auch eine Auswirkung auf die möglichen Abschreibungsarten:

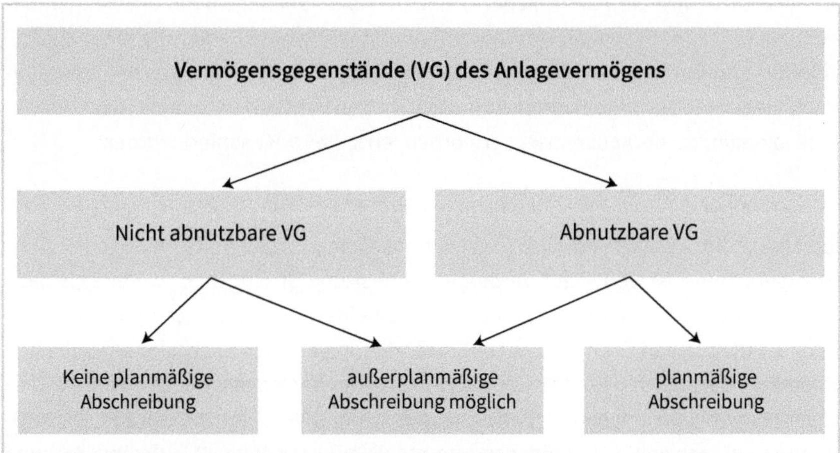

Abb. 1: Vermögensgegenstände (VG) des Anlagevermögens

1.3 Sonderfall: Gewerblicher Grundstückshandel und seine Folgen

Die Begrifflichkeiten Anlage- und Umlaufvermögen spielen insbesondere im Rahmen eines gewerblichen Grundstückshandels eine besondere Rolle. Gewerbliche Einkünfte liegen vor, wenn die Tatbestandsmerkmale des § 15 Abs. 2 EStG erfüllt sind. Eine Tätigkeit ist eine gewerbliche Tätigkeit, wenn sie nachhaltig, selbstständig, mit einer Beteiligung am allgemeinen wirtschaftlichen Verkehr, mit Gewinnerzielungsabsicht unternommen wird und keine Vermögensverwaltung darstellt. Gerade im Bereich des gewerblichen Grundstückshandels wird von einer nachhaltigen Tätigkeit ausgegangen, wenn die Tätigkeit mit einer Wiederholungsabsicht unternommen wird. Als Negativabgrenzung kann daraus geschlussfolgert werden, dass die Veräußerung nur eines einzigen Grundstücks nicht zum Vorliegen eines gewerblichen Grundstückshandels führt.[30] Auch die Veräußerung mehrerer Grundstücke oder Eigentumswohnungen an nur einen Erwerber stellen kein nachhaltiges Handeln im Sinne der Voraussetzungen des § 15 Abs. 2 EStG dar[31]. Eine Nachhaltigkeit wird jedoch dann wieder angenommen, wenn ein oder mehrere Grundstücke parzelliert werden und mittels verschiedener

30 BFH vom 17.6.1998, X R 68/95, BFHE 186,288 BStBl. II 1998, 667.

31 BFH vom 8.6.2017 IV R 30/14, BFHE 258, 403 BStBl. II 2017, 1061 Rz. 43.

Verkaufsverträge veräußert werden. Bei einer solchen Tätigkeit wird eine Veräußerungsabsicht mit Wiederholung unterstellt.[32]

Grundsätzlich wird ein gewerblicher Grundstückshandel angenommen, wenn innerhalb von fünf Jahren seit der Anschaffung, Herstellung oder Sanierung mehr als drei Objekte veräußert werden. Wobei die Grenze von fünf Jahren keine starre Grenze darstellt. Liegen die zuvor genannten Voraussetzungen vor, wird unterstellt, dass die Objekte in bedingter Verkaufsabsicht erworben, errichtet oder saniert wurden.

Hiervon abzugrenzen ist, die zwar nicht gesetzlich definierte, jedoch durch die Rechtsprechung entwickelte Vermögensverwaltung. Gemäß der bereits ergangenen BFH-Rechtsprechung ist von einer Vermögensverwaltung auszugehen, wenn sich nach dem Gesamtbild der Verhältnisse und der allgemeinen Verkehrsanschauung die Tätigkeit als Nutzung von Grundbesitz zur Fruchtziehung aus der zu erhaltenen Substanz darstellt[33]. Darüber hinaus darf die Ausnutzung der Vermögenswerte durch die Umschichtung von Vermögen nicht entscheidend in den Vordergrund treten[34]. Die Ausnutzung substanzieller Vermögenswerte steht laut ständiger BFH-Rechtsprechung dann im Vordergrund, wenn ein Grundstück in bedingter oder unbedingter Absicht erworben oder auch bebaut wird, um es anschließend zu veräußern[35]. Durch die vorhandene Veräußerungsabsicht fehlt es an der Absicht das Objekt mittels Fruchtziehung, zum Beispiel durch regelmäßige Vermietungseinkünfte, zu nutzen. Die Veräußerung und damit Verwertung des Objektes führt zur Überschreitung der Grenze der reinen Vermögensverwaltung. Da es sich bei den Absichten des Grundstückserwerbers regelmäßig um innere Tatsachen handelt, kann eine Vermögensverwaltung oder ein gewerblicher Grundstückshandel nur mittels äußerer Beweisanzeichen festgestellt werden[36]. Als äußere Beweisanzeichen kommen unter anderem vorhandene oder fehlende Veräußerungsabsichten des Verkäufers (Anzeigenschaltung für den Immobilienverkauf vs. Abschließen langfristiger Mietverträge) in Betracht. Ebenso können langfristig abgeschlossene Finanzierungen der erworbenen Objekte für eine Vermögensverwaltung sprechen, kurzfristige Finanzierungen wiederrum für ein schnelles Veräußern[37]. Abzustellen ist immer auf die tatsächlichen Vertragsverhältnisse. Entscheidend ist hierbei die Betrachtung des Gesamtbildes der Verhältnisse.

---

32 BFH vom 9.12.2002 VIII R 40/01, BFHE 201, 180, BStBl. II 2003, 294, 295.

33 u. a. BFH vom 9.12.1986 VIII R 317/82 BFHE 148, 480, BStBl. II 1988, 244; BFH vom 17.12.2009 III R 101/06, BStBl. 2010, 541; BFH vom 15.1.2020 X R 18/19, BStBl. II 2020, 538.

34 u. a. BFH vom 13.12.1995 XI R 43-45/89, BFHE 179, 353, BStBl. II 1996, 232; BFH vom 15.1.2020 X R 18/19, BStBl. II 2020, 538 Rz. 23.

35 BFH vom 15.7.2004 III 37/02, BFHE 207, 162, BStBl. II 2014, 950.

36 BFH vom 19.9.2002 X R 51/98, BFHE 201, 19, BStBl. II 2003, 394.

37 BFH vom 15.3.005 X R 51/03, BFH/NV 2007, 234.

Liegen die Voraussetzungen für die Annahme eines gewerblichen Grundstückshandels gem. § 15 Abs. 2 EStG vor, werden die ggf. zuvor als Anlagevermögen behandelten Vermögensgegenstände als Umlaufvermögen behandelt. Entsprechende Umbuchungen sind in der Bilanz des Eigentümers bzw. Unternehmens vorzunehmen, weil das oder die Objekte nicht dazu bestimmt sind dem Geschäftsbetrieb auf Dauer zu dienen[38]. Die Folge der Umwidmung von Anlage- in Umlaufvermögen ist die Unzulässigkeit von Abschreibungen ab diesem Zeitpunkt; Teilwertabschreibungen sind jedoch weiterhin zulässig. Auch § 6b EStG ist in einem solchen Fall der Umwidmung von Anlage- in Umlaufvermögen nicht mehr anwendbar, weil der Vermögensgegenstand unter anderem nicht mehr die Voraussetzung der 6-jährigen ununterbrochenen Zugehörigkeit zum Anlagevermögen erfüllt und damit eine Übertragung von stillen Reserven ausgeschlossen ist. Fälle, in denen trotz des unstrittigen Vorliegens eines gewerblichen Grundstückshandels Objekte dem Anlagevermögen zugeordnet wurden und dem Gericht dem nicht widersprach, gibt es jedoch auch[39].

Der Grundstücksbereich stellt deshalb einen speziellen Bereich im Rahmen der Eingruppierung von Anlage- oder Umlaufvermögen dar.

38 § 247 Abs. 1, 2 HGB.
39 FG Niedersachsen, Urteil vom 19.1.2000 2 K 669/97, EFG 2000, 615.

2 Bilanzierung, Bewertung und Gestaltungsmöglichkeiten

2.1 Immaterielle Vermögensgegenstände

Grundsätzlich unterscheidet das Handels- und Steuerrecht materielle und immaterielle Vermögensgegenstände. Zu den immateriellen Vermögensgegenständen gehören alle unkörperlichen Werte, die nicht zu den Sachanlagen oder Finanzanlagen zählen oder aber Vermögensgegenstände des Umlaufvermögens darstellen[40]. Hiervon zu unterscheiden sind Rechte, die sich auf bestimmte Sachanlagen beziehen, zum Beispiel Erbbaurechte oder Mietereinbauten u. ä. Diese Vermögensgegenstände sind folgerichtig unter dem jeweiligen Sachanlagevermögen, dem sie zuzuordnen sind, zu bilanzieren.

Beispiele für immaterielle Vermögensgegenstände

Belieferungsrechte (zum Beispiel bei Brauereien), Erfindungen, Fabrikationsverfahren, Konzessionen, Optionsrechte, Tonträger, Vorkaufsrechte, EDV-Programme, Cloud-Computing, selbstständig bewertbare Nutzungsrechte (zum Beispiel an Patenten, Logos aber auch an beweglichen Vermögensgegenständen), Grunddienstbarkeiten, Domain-Namen, Lizenzen, Patente, Geschäfts- oder Firmenwert u. ä.

2.1.1 Selbst geschaffene gewerbliche Schutzrechte und ähnliche Rechte und Werte

2.1.1.1 Bilanzierung im Handelsrecht und Steuerrecht

Ob ein Vermögensgegenstand zu bilanzieren ist, ist eine erste Entscheidung, die der Unternehmer beim Erwerb zu treffen hat. Hierbei handelt es sich um die Frage, ob der Vermögensgegenstand dem Grunde nach zu bilanzieren ist. Diese sogenannte Zugangsbewertung erfolgt nach den §§ 246 bis 250 HGB. Nach § 246 Abs. 1 Satz 1 HGB hat der Jahresabschluss eines Unternehmers sämtliche Vermögensgegenstände, Schulden, Rechnungsabgrenzungsposten sowie Aufwendungen und Erträge zu enthalten, soweit gesetzlich nichts anderes bestimmt ist. § 247 Abs. 1 HGB folgend hat der Unternehmer in der Bilanz unter anderem das Anlagevermögen auszuweisen und hinreichend aufzugliedern. Das Handelsgesetz sieht bei den selbst geschaffenen immateriellen Vermögensgegenständen des Anlagevermögens, den gewerblichen

40 Schubert/Huber, F. (2020), Beck`scher Bilanzkommentar, 12. Auflage, Rz. 372 zu § 247 HGB.

Schutzrechten sowie ähnlichen Rechten und Werten ein Wahlrecht (Aktivierungswahlrecht) vor, nach welchem diese als Aktivposten in die Bilanz aufgenommen werden können, vgl. § 248 Abs. 2 Satz 1 HGB. Eine Ausnahme hiervon ergibt sich direkt aus dem folgenden § 248 Abs. 2 Satz 2 HGB: Nicht als Aktivposten in die Bilanz mit aufgenommen werden dürfen selbst geschaffene Marken, Drucktitel, Verlagsrechte, Kundenlisten oder vergleichbare immaterielle Vermögensgegenstände des Anlagevermögens.

MERKE: Aktivierungswahlrecht

Grundsatz: handelsrechtliches Aktivierungswahlrecht gem. § 248 Abs. 2 Satz 1 HGB

Ausnahme: handelsrechtliches Aktivierungsverbot für selbst geschaffene Marken, Drucktitel, Verlagsrechte, Kundenlisten oder vergleichbare immaterielle Vermögensgegenstände gem. § 248 Abs. 2 Satz 2 HGB

Zu welchem Zeitpunkt die Bilanzierung der selbst geschaffenen gewerblichen Schutzrechte und ähnlichen Rechte und Werte vorgenommen werden soll, ist gesetzlich nicht geregelt. Einen Hinweis zum Aktivierungszeitpunkt gibt jedoch § 255 Abs. 2a Satz 1 HGB, wonach bei der Entwicklung selbst geschaffener immaterieller Vermögensgegenstände die angefallenen Aufwendungen zu aktivieren sind, mithin fällt der Aktivierungs-/Bilanzierungszeitpunkt auf den Beginn der Entwicklung. Dieser Aktivierungs-/Bilanzierungszeitpunkt darf jedoch nur gewählt werden, wenn mit an Sicherheit grenzender Wahrscheinlichkeit davon ausgegangen werden kann, dass auch tatsächlich ein Vermögensgegenstand entsteht. Insofern ist der Aktivierungs-/Bilanzierungszeitpunkt auch branchen- und unternehmensindividuell zu beurteilen.

Grundsätzlich gilt für Gewerbetreibende, die aufgrund gesetzlicher Vorschriften verpflichtet sind, Bücher zu führen und regelmäßig Abschlüsse zu machen oder die ohne diese Verpflichtung freiwillig Bücher führen und Abschlüsse erstellen, dass sie für den Schluss des Wirtschaftsjahres das Betriebsvermögen anzusetzen haben, dass nach den handelsrechtlichen Grundsätzen ordnungsgemäßer Buchführung (sog. GoB) auszuweisen ist, es sei denn, es wurde – im Rahmen eines steuerlichen Wahlrechts – ein von der Handelsbilanz abweichender Ansatz gewählt. Es handelt sich hierbei um den Grundsatz der Maßgeblichkeit der Handelsbilanz für die Steuerbilanz gem. § 5 Abs. 1 EStG. Die handelsbilanziellen Bilanzierungsgrundsätze (Ansatz- und Bewertungsgrundsätze) werden in die Steuerbilanz übernommen, es sei denn, das Steuerrecht regelt eigene Ausnahmen. Um die steuerlichen Wahlrechte ausüben zu können, müssen die Wirtschaftsgüter, die nicht mit dem handelsrechtlich maßgebenden Wert in Ansatz gebracht werden, in ein gesondertes laufend zu führendes Verzeichnis aufgenommen werde. In diesem gesondert laufend zu führenden Verzeichnis müssen folgende Angaben enthalten sein:

- der Tag der Anschaffung oder Herstellung,
- die Anschaffungskosten oder Herstellungskosten,

- die Vorschrift des steuerlich ausgeübten Wahlrechts und
- die vorgenommene Abschreibung[41].

Eine vorgeschriebene Form muss das gesondert und laufend zu führende Verzeichnis nicht haben. Darüber hinaus ist es ausreichend, wenn das gesondert und laufend zu führende Verzeichnis erst mit Ablauf des Wirtschaftsjahres, in dem das steuerliche Wahlrecht ausgeübt wurde, erstellt wird. Spätester Zeitpunkt für die Erstellung des gesondert und laufend zu führenden Verzeichnisses ist der Zeitpunkt der Erstellung der Steuererklärungen für das Jahr der Wahlrechtsausübung[42]. Das steuerliche Wahlrecht kann auch erstmalig im Rahmen einer Bilanzänderung ausgeübt werden[43].

Hinweis

Wird das gesondert und laufend zu führende Verzeichnis nicht geführt, ist der Gewinn des Unternehmens in Bezug auf das Wirtschaftsgut von der Finanzverwaltung so zu ermitteln, als hätte der Unternehmer von seinem steuerlichen Wahlrecht kein Gebrauch gemacht.

Im Falle der selbst geschaffenen immateriellen Wirtschaftsgüter sieht der § 5 Abs. 2 EStG ein steuerliches Aktivierungsverbot vor. Lediglich für entgeltlich erworbene immaterielle Wirtschaftsgüter greift das steuerliche Aktivierungsverbot des § 5 Abs. 2 HGB nicht. Im Umkehrschluss zu § 5 Abs. 2 EStG heißt das, dass immaterielle Wirtschaftsgüter des Anlagevermögens stets zu aktivieren sind, wenn sie entgeltlich erworben wurden.

Die Konsequenz des steuerlichen Aktivierungsverbotes führt zu einem Sofortabzug der entstandenen Aufwendungen als Betriebsausgaben nach § 4 Abs. 4 EStG.

Achtung!

Das steuerliche Aktivierungsverbot nach § 5 Abs. 2 EStG findet keine Anwendung bei Einlagen, verdeckten Einlagen in eine Kapitalgesellschaft und Entnahmen. Denn hier hat als Lex specialis der § 6 Abs. 3 EStG Vorrang vor § 5 Abs. 2 EStG.

2.1.1.2 Bewertung im Handelsrecht und Steuerrecht

Nachdem eine Entscheidung über die Zugangsbewertung (siehe Kapitel 2.1.1.1) getroffen wurde, muss im nächsten Schritt eine Entscheidung darüber getroffen werden, in welcher Höhe der Vermögensgegenstand zu bilanzieren ist. § 253 HGB bildet die Bilanzierung von Vermögensgegenständen zusammen mit § 255 HGB der Höhe nach ab. Der Zugang von Vermögensgegenständen ist mit den Anschaffungskosten

41 § 4 Abs. 1 Satz 2,3 EstG.
42 BMF-Schreiben vom 12.3.2020, BStBl 2010 I 239, Tz. 20.
43 BMF-Schreiben vom 12.3.2020, BStBl 2010 I 239, Tz. 21.

oder Herstellungskosten vorzunehmen (Bereich der Zugangsbewertung)[44].Die Folgebewertung der Vermögensgegenstände, die sich zum jeweiligen Bilanzstichtag im Vermögen des Unternehmens befinden, ergibt sich in der Folge aus § 253 Abs. 3 bis 5 HGB.

Vermögensgegenstände sind höchstens mit den Anschaffungskosten oder Herstellungskosten, vermindert um planmäßige und außerplanmäßige Abschreibungen, anzusetzen. Dieser Wert bildet die sog. Bewertungsobergrenze. Ein höherer Ansatz, zum Beispiel mit dem Verkehrswert, verstößt gegen das bilanzielle Verbot des Ausweises nicht realisierter Gewinne[45]. Vermögensgegenstände, deren wirtschaftliche Nutzungsdauer begrenzt ist, sind nach § 253 Abs. 3 Satz 1 HGB planmäßig abzuschreiben. Soweit die voraussichtliche Nutzungsdauer eines Vermögensgegenstandes nicht verlässlich geschätzt werden kann, gibt § 253 Abs. 3 Satz 3 HGB für selbst geschaffene immaterielle Vermögensgegenstände eine Nutzungsdauer von 10 Jahren verpflichtend vor. Eine verlässliche Schätzung der voraussichtlichen Nutzungsdauer kann dann nicht angenommen werden, wenn die der Schätzung zugrunde liegenden Faktoren nicht nachvollziehbar und nicht plausibel dargelegt werden können und/oder willkürlich scheinen.[46] Die planmäßige Abschreibung ist ab dem Zeitpunkt der Fertigstellung des immateriellen Vermögensgegenstandes vorzunehmen.

Die voraussichtliche Nutzungsdauer ist je nach Unternehmen individuell vorzunehmen. Bei immateriellen Wirtschaftsgütern kann das ein Produktzyklus sein oder die Zeit bis zum erwarteten nächsten technischen Fortschritt oder der wesentlichen Weiterentwicklung. Die Abschreibung kann handelsrechtlich sowohl degressiv als auch linear vorgenommen werden. Wird die Abschreibungsmethode nach dem tatsächlichen Werteverzehr beansprucht, ist die degressive Abschreibung zu wählen. Das Steuerrecht sieht eine Besonderheit bei der Bewertung von geringwertigen Wirtschaftsgütern und sog. Sammelposten vor. Diese Abschreibungsmethoden (Sofortabschreibung bzw. Auflösung des Sammelpostens über eine Dauer von 5 Jahren) gelten für die immateriellen Vermögensgegenstände nicht, weil es sich nicht um bewegliche oder unbewegliche Vermögensgegenstände handelt, sondern um unkörperliche Vermögensgegenstände. Es bestehen jedoch keine Bedenken die steuerlichen Vereinfachungsregelungen bei geringwertigen Wirtschaftsgütern und Sammelposten auch in die Handelsbilanz zu übernehmen. Unerwartete Wertminderungen sind über die außerplanmäßige Abschreibung zu berücksichtigen.

Bei den gewerblichen Schutzrechten und ähnlichen Rechten ergibt sich die begrenzte betriebliche Nutzbarkeit zumeist aus der zeitlichen Begrenzung der eingeräumten bzw. erworbenen Rechte. Es kann jedoch zu Abweichungen zu den vereinbarten zivilrechtlichen

44 § 253 Abs. 1 Satz 1 HGB.
45 § 252 Abs. 1 Nr. 4 HGB.
46 DRS 24.100 f.

Nutzbarkeiten von Rechten kommen, wenn die Nutzungsdauer im Unternehmen aufgrund des technischen Fortschritts kürzer ist. Aufgrund der regelmäßig fortschreitenden Entwicklung wird eine geschätzte Nutzungsdauer von drei bis fünf Jahren anerkannt.[47]

Aufgrund des Aktivierungsverbotes gem. § 5 Abs. 2 EStG muss die Frage der steuerlichen Bewertung nicht beantwortet werden.

2.1.1.3 BEISPIEL für die Bilanzgestaltung durch Einbeziehung von verschiedenen Aufwendungen in die Herstellungskosten

Die Hieronymus-GmbH entwickelt im Jahr 01 ein Patent entwickelt. Die GmbH ist zum vollen Vorsteuerabzug berechtigt. Aus Ihrer aktuellen betriebswirtschaftlichen Auswertung (BWA) ergeben sich folgende bislang angefallenen Aufwendungen im Zusammenhang mit der Patententwicklung, die bislang als Betriebsausgaben verbucht wurden:

- Honorar Patentanwalt i. H. v. brutto 4.760 EUR
- Patentanmeldung Gebühr i. H. v. 1.500 EUR
- anteilige Gemeinkosten der Entwicklungsabteilung i. H. v. 50.000 EUR
- allgemeine Verwaltungsgemeinkosten i. H. v. 75.000 EUR
- Einzelkosten i. H. v. 200.000 EUR

Die Hieronymus-GmbH geht von einer wirtschaftlichen Nutzungsdauer des Patentes von 7 Jahren aus. Die Entwicklung des Patentes ist zum 1.1.02 abgeschlossen und das Patent kann seit diesem Zeitpunkt von der GmbH genutzt werden. Aufgrund der internen Kosten- und Leistungsrechnung hat das Unternehmen einen Umlageschüssel von 75 % für die allgemeinen Verwaltungskosten ermittelt, die der Patententwicklung zuzurechnen sind.

In der Handelsbilanz kann das Patent als selbst geschaffener immaterieller Vermögensgegenstand mit seinen Herstellungskosten aktiviert werden. Zu den Herstellungskosten zählen folgende Aufwendungen:

Honorar Patentanwalt	4.000 EUR
Gebühr Patentanmeldung	1.500 EUR
Allgemeine Gemeinkosten der Entwicklungsabteilung	50.000 EUR
Allgemeine Verwaltungskosten (zu 75 %)	56.250 EUR
Einzelkosten	200.000 EUR
Saldo der Herstellungskosten	311.750 EUR

Tab. 3: Ermittlung der Herstellungskosten zum 1.1.02

47 Schubert/Andrejewski (2020) im Beck`schen Bilanzkommentar, 12. Auflage Rz. 387 zu § 253 HGB.

Soll		an			Haben
Konzessionen und gewerbliche Schutzrechte	(0046/0146)	311,750	Aktivierte Eigenleistungen zur Erstellung von selbst geschaffenen neuen immateriellen Vermögensgegenständen	(8995/4825)	306,250
			Sonstige Abgaben	(4390/6430)	1,500
			Rechts- und Beratungskosten	(4950/6825)	4,000

Die Abschreibung zum 31.12.02 ermittelt sich wie folgt: 311.750 EUR / 7 Jahre = 44.536 EUR

Soll		an			Haben
Abschreibungen auf selbst geschaffene immaterielle Vermögensgegenstände	(4823/6201)	44,536	Konzessionen und gewerbliche Schutzrechte	(0046/0146)	44,536

Der Buchwert des Patents zum 31.12.02 beträgt 267.214 EUR.

Sollte das Unternehmen von dem Wahlrecht des Handelsrechts Gebrauch machen und neben den Aufwendungen für die allgemeine Verwaltung auch ggf. anfallende Aufwendungen für soziale Leistungen oder Aufwendungen für soziale Einrichtungen aktivieren, erhöhen sich die Herstellungskosten des Patents und die bislang abzugsfähigen Betriebsausgaben mindern sich, was zu einer Erhöhung des Handelsbilanzergebnisses führt. Dies ist gerade bei Unternehmen, die eine Finanzierungsrunde planen oder ein Kreditantrag bei der Bank stellen, eine vorteilhafte Bilanzierungsmöglichkeit.

Zu beachten gilt: Eine Bilanzierung des Patents in der Steuerbilanz scheidet aufgrund des Aktivierungsverbotes gemäß § 5 Abs. 2 EStG aus. Die dargestellten Aufwendungen stellen in der Steuerbilanz somit voll abzugsfähige Betriebsausgaben dar. Aufgrund der Abweichung zwischen Handels- und Steuerbilanz ergeben sich zum 31.12.02 passive latente Steuern (bei einer angenommenen steuerlichen Belastung in Höhe von 30 % für KSt, SoliZ und GewSt) in Höhe von 80.164,20 EUR (267.214 EUR x 30 %). Dieser Betrag an passiven, latenten Steuern reduziert sich die nächsten sechs verbleibenden Jahre der wirtschaftlichen Nutzungsdauer bis auf 0 EUR.

Zu beachten ist weiter der § 268 Abs. 8 Satz 1 HGB, der eine Ausschüttungssperre verhängt. Werden in der Handelsbilanz selbst geschaffenen immaterielle Vermögensgegenstände aktiviert, dürfen Gewinne nur insoweit ausgeschüttet werden, wenn die nach der Ausschüttung verbleibenden frei verfügbaren Rücklagen zzgl. eines Gewinnvortrags und abzgl. eines Verlustvortrags mindestens den insgesamt angesetzten Beträgen abzgl. der hierfür gebildeten passiv latenten Steuern entsprechen. In dem Beispiel ermittelt sich der ausschüttungsgesperrte Betrag wie folgt:

Buchwert des Patentes am 31.12.02	267.214 EUR
Passiv latente Steuern am 31.12.02	- 80.164,20 EUR
Ausschüttungssperre in Höhe von	= 187.049,80 EUR

2.1.2 Entgeltlich erworbene Konzessionen, gewerbliche Schutzrechte und ähnliche Rechte und Werte sowie Lizenzen an solchen Rechten und Werten

Unter die Konzessionen, gewerblichen Schutzrechte und ähnlichen Rechte und Werte sowie Lizenzen an solchen Rechten und Werten werden die Patente, Gebrauchsmuster, Urheberrechte, Marken usw. subsumiert. Dazu gehören außerdem Belieferungsrechte, Vertriebsrechte, Rechte, die durch langfristig abgesicherte Geschäftsbeziehungen entstehen, Konzessionen, Quoten aber auch Wettbewerbsverbote aber auch die rein wirtschaftlichen Werte wie Rezepte, Know-how, Filmaufzeichnungen, EDV-Software, Tonaufzeichnungen usw. Kommt es bei der entgeltlichen Anschaffung solcher Rechte und Werte zu einer Verknüpfung zwischen immateriellem und materiellem Wert, wie zum Beispiel bei einem Bild- oder Tonträger, ist der Gegenstand dem Wert zuzuordnen, auf dem der Schwerpunkt liegt. Steht für das anschaffende Unternehmen die Nutzung der Rechte oder die Übertragung der Rechte im Vordergrund ist die Zuordnung zu den immateriellen Vermögensgegenständen vorzunehmen.

2.1.2.1 Bilanzierung im Handelsrecht und Steuerrecht

Nach § 246 Abs. 1 Satz 1 HGB sind die entgeltlich erworbenen immateriellen Vermögensgegenstände zu aktivieren, wenn sie einen wirtschaftlichen Wert haben und damit als selbstständig verkehrsfähig auf dem Markt gelten. Hat der Gegenstand oder das Recht bzw. der Wert für das einzelne Unternehmen einen Nutzen, liegt ein wirtschaftlicher Wert vor. Der entgeltliche Erwerb meint, dass Veräußerer und Erwerber ein nach kaufmännischen Grundsätzen entwickeltes Entgelt ermittelt haben müssen. Dieser Wert stellt zugleich den Zugangswert in der Handelsbilanz dar. Neben dem häufig vorliegenden Kaufgeschäft kann ein entgeltlicher Erwerb auch im Falle eines Tausches oder einer Sacheinlage vorliegen. Eine Sacheinlage kann nur dann einen immateriellen Vermögensgegenstand darstellen, wenn sie einlagefähig ist und der eingelegten Sache ein Wert beigemessen werden kann. So können neu ausgegebene Gesellschaftsrechte als Gegenleistung für die Sacheinlage einen zu bemessenden Wert darstellen.

Über den Grundsatz der Maßgeblichkeit gem. § 5 Abs. 1 EStG wird der handelsrechtliche Ansatz in die Steuerbilanz übernommen. Da es sich um entgeltlich erworbene immaterielle Wirtschaftsgüter handelt, steht der § 5 Abs. 2 EStG einer Aktivierung in der Steuerbilanz nicht entgegen.

Bei der Bilanzierung von Software gibt es Besonderheiten zu beachten, die vom IDW RS HFA 11 wie folgt gegliedert werden:

Software	Selbstständige Bewertbarkeit gegeben?	Bilanzielle Behandlung
System- und Anwendungssoftware	regelmäßig selbstständig bewertbar	Bilanzierung als immaterieller Vermögensgegenstand
Trivialprogramme	gilt als abnutzbares bewegliches Wirtschaftsgut	bei Unterschreitung der Anschaffungskosten von 800 EUR als GwG zu aktivieren
		Bei Überschreiten der Anschaffungskosten von 800 EUR als Software zu aktivieren
Firmware	wenn Lieferung zusammen mit der Hardware einheitliches Wirtschaftsgut mit Hardware	Aktivierung als Sachanlagevermögen
Individualsoftware	Selbst erstellt oder mittels Abschluss eines Dienstvertrags mit Softwareanbieter erstellt	aktivierbar als selbsterstellter immaterieller Vermögensgegenstand
	mittels Werkvertrag mit Softwareanbieter erstellt	Aktivierung als entgeltlich erworbener immaterieller Vermögensgegenstand
Aufwendungen für Customizing	Standardsoftware wird in betriebsbereiten Zustand versetzt	Anschaffungskosten, die zur Software hinzu aktiviert werden müssen
	Standardsoftware wird auf Bedürfnisse des Unternehmens individuell angepasst	Wenn Erweiterung oder wesentliche Verbesserung vorliegen, greift Aktivierungswahlrecht für selbst geschaffene immaterielle Vermögensgegenstände

Tab. 4: Software

2.1.2.2 Bewertung im Handelsrecht und Steuerrecht

Bei der Feststellung des Zugangswertes in der Handelsbilanz wird auf die dargestellten Grundsätze in Kapitel 2.1.1.2 verwiesen, die hier ebenso gelten. Ein immaterieller Vermögensgegenstand, der zeitlich unbegrenzt genutzt werden kann, weil er keinem technischen oder wirtschaftlichen Verschleiß unterliegt, darf nicht planmäßig abgeschrieben werden. Zu den nicht abnutzbaren Rechten zählen zum Beispiel öffentlich-rechtliche Taxi- oder Transportkonzessionen. Hiervon zu unterscheiden sind die Konzessionen für Personenbeförderungsleistungen, die durch eine Änderung im Vergabeverfahren seit 2013 nicht mehr ohne weiteres zum Ablaufzeitpunkt verlängert werden.[48]

Ebenso zu den nicht abnutzbaren immateriellen Vermögensgegenständen zählt eine Domain-Adresse, wenn der Name einen allgemein bekannten Begriff (Fluss oder eine Region) bezeichnet, der unabhängig vom Namen des Unternehmens ist, das die Rechte an dem Domain-Namen hält (sog. generische Domain; BFH III R 6/05 BStBl II 07, 301 unter II.2.e).[49]

Handelt es sich bei der Domain jedoch um eine qualifizierte Domain, d.h., dass der Domain-Name mit dem Unternehmensnamen oder Markennamen identisch ist, ist die Domain wie ein Markenname oder Geschäftswert als selbst abnutzbar einzustufen.[50] Auch die (kassenärztlichen) Vertragszulassungen zählen in Ausnahmefällen zu den immateriellen Vermögensgegenständen. Sind sie als solche gesondert auszuweisen, ist jedoch zu beachten, dass sie mangels Werterschöpfung zu den nicht abnutzbaren immateriellen Vermögensgegenständen gehören (siehe auch Sonderfall Kassensitz).[51]

Sowohl bei zeitlich begrenzt nutzbaren als auch zeitlich unbegrenzt nutzbaren immateriellen Vermögensgegenständen kann eine außerplanmäßige Abschreibung gem. § 253 Abs. 3 Satz 5 HGB vorgenommen werden, wenn der beizulegende Wert zum Bilanzstichtag niedriger ist als der sich zum Bilanzstichtag ergebene Buchwert. Voraussetzung ist allerdings, dass die Abschreibung aufgrund einer voraussichtlich dauernden Wertminderung erfolgt. Eine voraussichtlich dauernde Wertminderung liegt in der Regel dann vor, wenn der Wert des Vermögensgegenstandes zum Bilanzstichtag mindestens für die halbe Restnutzungsdauer unter dem planmäßigen Restbuchwert liegt.[52] Eine voraussichtlich dauernde Wertminderung ist zum Beispiel bei einer Unterlassungsklage für die weitere Nutzung eines Rechts anzunehmen.

Im Steuerrecht wird in § 6 EStG bei der Bewertung von Wirtschaftsgütern in die des Anlagevermögens (§ 6 Abs. 1 Nr. 1 EStG) und anderen Wirtschaftsgütern (§ 6 Abs. 1 Nr. 2 EStG) unterschieden. Zu den anderen Wirtschaftsgütern gehören der Grund und Boden, Beteiligungen sowie alle Wirtschaftsgüter, die dem Umlaufvermögen zuzuordnen sind. Grundsätzlich erfolgt auch im Steuerrecht die Bewertung mit den Anschaffungskosten bzw. Herstellungskosten. Erfolgt der Zugang im Rahmen einer Einlage wird die Bewertung mit einem an die Stelle der Anschaffungskosten oder Herstellungskosten tretenden Wert vorgenommen, vermindert um die Abschreibung gem. § 7 EStG, Son-

48 OFD Nordrhein-Westfalen, Kurzinformation Est 04/2014 vom 16.1.2014, DStR 2014, 268.
49 Schmidt/Kulosa (2022), EStG-Kommentar, 41. Auflage, zu § 7 EStG R. 43.
50 Schmidt/Kulosa (2022), EStG-Kommentar, 41. Auflage, zu § 7 EStG Rz. 43 und Wübbelsmann DStR 05, 1659; vom BFH offen gelassen.
51 Schmidt/Kulosa (2022), 41. Auflage, zu § 7 EStG Rz. 44, BFH VIII R 56/14 BStBl II 17, 694 Rz 40.
52 BFH-Urteil vom 29.4.2009 – I R 74/08, BStBl II S. 899.

derabschreibungen, Abzügen nach § 6b EStG u. ä. Die Anschaffungskosten bzw. Herstellungskosten bilden – wie im Handelsrecht – die Bewertungsobergrenze.

Die Anschaffungskosten bzw. Herstellungskosten können beim Vorliegen einer voraussichtlich dauernden Wertminderung zum Bilanzstichtag im Rahmen einer Teilwertabschreibung gemindert werden (Wahlrecht zur Teilwertabschreibung gem. § 6 Abs. 1 Nr. 1 Satz 2 und Nr. 2 Satz 2 EStG). Kommt es an den Folgestichtagen zu einer Wertaufholung durch den Wegfall der dauernden Wertminderung, folgt hieraus die Zuschreibung auf den Teilwert. Die ursprünglichen Anschaffungskosten bzw. Herstellungskosten dürfen hierbei jedoch nicht überschritten werden. Die Abschreibung kann in der Steuerbilanz, im Unterschied zur Handelsbilanz, nur linear vorgenommen werden, § 7 Abs. 1 EStG.

Der Teilwert wird in § 6 Abs. 1 Nr. 1 Satz 3 EStG definiert. Hiernach bestimmt sich der Teilwert durch den Wert, den der Erwerber des gesamten Betriebs im Rahmen des Gesamtkaufpreises für das einzelne Wirtschaftsgut ansetzen würde. Gem. R 6.7 EStR kann der Teilwert nur im Wege der Schätzung nach den Verhältnissen des Einzelfalls ermittelt werden. Zur Ermittlung des niedrigeren Teilwerts bestehen Teilwertvermutungen.

Die Teilwertvermutung kann vom Unternehmer grundsätzlich widerlegt werden. Sie ist widerlegt, wenn der Unternehmer anhand konkreter Tatsachen und Umstände darlegt und nachweist, dass die Anschaffung oder Herstellung eines bestimmten Wirtschaftsgutes von Anfang an eine Fehlmaßnahme war, oder dass zwischen dem Zeitpunkt der Anschaffung oder Herstellung und dem maßgeblichen Bilanzstichtag Umstände eingetreten sind, die die Anschaffung oder Herstellung des Wirtschaftsgutes nachträglich zur Fehlmaßnahme werden lassen.

Die Teilwertvermutung ist auch widerlegt, wenn der Nachweis erbracht wird, dass die Wiederbeschaffungskosten am Bilanzstichtag niedriger als der vermutete Teilwert sind. Der Nachweis erfordert es, dass die behaupteten Tatsachen objektiv feststellbar sind. In H 6.7 EStH heißt es unter dem Begriff »Teilwertbegriff« weiter, dass der Teilwert ein ausschließlich objektiver Wert ist, der von der Marktlage am Bilanzstichtag bestimmt wird; es ist unerheblich, ob die Zusammensetzung und Nutzbarkeit von Wirtschaftsgütern von besonderen Kenntnissen und Fertigkeiten des Betriebsinhabers abhängt.[53]

53 BFH-Urteil vom 31.1.1991 BStBl II, 627.

Um den Begriff des Teilwertes im Besteuerungsverfahren händelbarer zu machen, wurden in der Rechtsprechung und Literatur die sog. **Teilwertvermutungen** entwickelt.

Die Teilwertvermutungen besagen folgendes:

1. Im Zeitpunkt des Erwerbs oder der Fertigstellung eines Wirtschaftsguts entspricht der Teilwert den Anschaffungs- oder Herstellungskosten[54] (Ausnahme bei Erwerb eines Unternehmens oder eines Mitunternehmeranteils[55])
2. Bei nicht abnutzbaren Wirtschaftsgütern des Anlagevermögens entspricht der Teilwert auch zu späteren, dem Zeitpunkt der Anschaffung oder Herstellung nachfolgenden Bewertungsstichtagenden Anschaffungs- oder Herstellungskosten.[56]
3. Bei abnutzbaren Wirtschaftsgütern des Anlagevermögens entspricht der Teilwert zu späteren, dem Zeitpunkt der Anschaffung oder Herstellung nachfolgenden Bewertungsstichtagen den um die lineare AfA verminderten Anschaffungs- oder Herstellungskosten.[57]
4. Bei Wirtschaftsgütern des Umlaufvermögens entspricht der Teilwert grundsätzlich den Wiederbeschaffungskosten. Der Teilwert von zum Absatz bestimmten Waren hängt jedoch auch von deren voraussichtlichem Veräußerungserlös (Börsen- oder Marktpreis) ab.[58]
5. Der Teilwert einer Beteiligung entspricht im Zeitpunkt ihres Erwerbs den Anschaffungskosten. Für ihren Wert sind nicht nur die Ertragslage und die Ertragsaussichten, sondern auch der Vermögenswert und die funktionale Bedeutung des Beteiligungsunternehmens, insbesondere im Rahmen einer Betriebsaufspaltung, maßgebend.[59]

In vielen Betriebsprüfungen ist der Nachweis der voraussichtlich dauernden Wertminderung ein Thema, da die Nachweispflicht für die voraussichtlich dauernde Wertminderung beim Unternehmer liegt. Ein Nachweis lässt sich zum Beispiel bei hochwertigen Wirtschaftsgütern durch ein Wertgutachten erbringen, bei Wirtschaftsgütern, die an Märkten gehandelt werden, erfolgt der Nachweis mittels dokumentierten Marktpreises an einem bestimmten Stichtag.

Die Dokumentation der voraussichtlich dauernden Wertminderung kann dabei wie folgt aussehen:

54 BFH-Urteil vom 13.4.1988 BStBl II 892.
55 BFH-Urteil vom 6.7.1995 BStBl II 831.
56 BFH-Urteil vom 71.7.1982 BStBl II 758.
57 BFH-Urteil vom 30.11.1988, BStBl 1989 II, 183.
58 BFH-Urteil vom 27.10.1983, BStBl 1984, 35.
59 BFH-Urteil vom 6.11.2003, BStBl 2004 II, 416

Checkliste zu den Nachweis- und Dokumentationspflichten bei Teilwertabschreibungen		
VZ 01, in dem die Teilwertabschreibung vorgenommen wurde	Ist der Teilwert unter den fortgeführten Buchwert gesunken?	Buchwert:
		Teilwert:
	Ist der Teilwert dauerhaft gesunken?	Nachweis:
		Nachweis durch:
Ist eine Dokumentation vorhanden?	Vorgang:	
VZ 02	Liegt Teilwert immer noch unterhalb des fortgeführten Buchwerts?	Buchwert:
		Teilwert:
	Ist der Teilwert weiterhin dauerhaft gesunken?	Nachweis:
		Nachweis durch:
Ist eine Dokumentation vorhanden?	Vorgang:	
VZ 03		

Tab. 5: Checkliste zu den Nachweis- und Dokumentationspflichten bei Teilwertabschreibungen[60]

Eine Teilwertabschreibung kann nur zum Bilanzstichtag und nicht auf einen beliebigen Tag zwischen zwei Bilanzstichtagen vorgenommen werden.[61]

2.1.2.3 BEISPIELE, SONDERFÄLLE und GESTALTUNG

2.1.2.3.1 Abgrenzung entgeltlicher Erwerb zur entgeltlichen Miete

Von dem entgeltlichen Erwerb ist die Gewährung immaterieller Vermögensgegenstände abzugrenzen, die lediglich zeitlich begrenzt überlassen werden und bei denen das Entgelt über die vereinbarte Nutzungsdauer monatlich oder quartalsweise gezahlt wird. Liegen diese Umstände vor, ist nicht von einem entgeltlichen Erwerb auszugehen.

2.1.2.3.2 Vorausbezahltes Entgelt

Wird das Entgelt für die zeitliche Überlassung eines Rechtes oder eines Wertes vom Erwerber vorausgezahlt, handelt es sich nicht um Anschaffungskosten, sondern um einen Rechnungsabgrenzungsposten.

60 Markus Oblau »Das neue BMF-Schreiben zur Teilwertabschreibung« in BC 2014, 451 3.2.
61 H 6.7 EStH Stichwort »Zeitpunkt der Teilwertabschreibung«.

2.1.2.3.3 Provisionszahlungen für Belieferungsverträge

Werden Provisionszahlungen für den erstmaligen Abschluss von Belieferungsverträgen gezahlt, liegt kein entgeltlicher Erwerb vor und mithin keine Anschaffungskosten oder Anschaffungsnebenkosten. Dasselbe gilt für die Vermittlungsprovision eines Maklers für die Vermittlung eines Mietverhältnisses.

2.1.2.3.4 Einlagen bei Schwesternpersonengesellschaften

Werden immaterielle Vermögensgegenstände zwischen Schwesterngesellschaften oder von einem Gesellschafter an seine Gesellschaft im Wege der verdeckten Einlage übertragen, greift das steuerliche Aktivierungsverbot nicht, wenn es sich bei der Gesellschaft, die die Einlage erhält, um eine Kapitalgesellschaft handelt und die Veranlassung der Einlage im Gesellschaftsverhältnis begründet liegt.[62] In diesem Fall erfolgt der Zugang der verdeckten Einlage mit dem Teilwert.

2.1.2.3.5 Außerplanmäßige Abschreibung bei entgeltlich und unentgeltlich erworbenem Vermögensgegenstand

Sind im Unternehmen sowohl entgeltlich erworbene immaterielle Vermögensgegenstände vorhanden als auch selbst geschaffene und damit nicht im Anlagevermögen bilanzierte immaterielle Vermögensgegenstände, darf die außerplanmäßige Abschreibung aufgrund einer voraussichtlich dauernden Wertminderung nur auf den entgeltlich erworbenen immateriellen Vermögensgegenstand vorgenommen werden.

2.1.2.3.6 Entwicklungsstadien einer Internetseite

Besondere Bedeutung bei der Aktivierung einer Unternehmens-Website spielen die Aufwendungen für Forschung und Entwicklung. Um die einzelnen anfallenden Aufwendungen korrekt voneinander abzugrenzen, entwickelte SIC 32 eine Übersicht der Einordnung der einzelnen Begriffe in Bezug auf die Forschung und Entwicklung:

> Die Entwicklungsstadien einer Internetseite lassen sich wie folgt beschreiben:
> (a) Planung – umfasst die Durchführung von Realisierbarkeitsstudien, die Definition von Zweck und Leistungsumfang, die Bewertung von Alternativen und die Festlegung von Prioritäten.
> (b) Einrichtung und Entwicklung der Infrastruktur – umfasst die Einrichtung einer Domain, den Erwerb und die Entwicklung der Hardware und der Betriebssoftware, die Installation der entwickelten Anwendungen und die Belastungsprobe.

62 BFH-Urteil, GrS vom 26.10.1987, BStBl II 1988, 348.

(c) Entwicklung des graphischen Designs – umfasst das Design des Erscheinungsbilds der Internetseiten.
(d) Inhaltliche Entwicklung – umfasst die Erstellung, den Erwerb, die Vorbereitung und das Hochladen von textlicher oder graphischer Information für die Internetseite im Zuge der Entwicklung der Internetseite. Diese Information kann entweder in separaten Datenbanken gespeichert werden, die in die Internetseite integriert werden (oder auf die von der Internetseite aus Zugriff besteht) oder die direkt in die Internetseiten einprogrammiert werden.[63]

In den weiteren Ausführungen von SIC-32 i. d. F. vom 29.11.2019, Beschluss 9 erfolgt die Einteilung der Aufwendungen in sofort abzugsfähige Aufwendungen (weil Forschungskosten) und aktivierungsfähige Aufwendungen (weil Entwicklungskosten). Vereinfacht dargestellt, ergibt sich folgendes Bild:

Website-Aufwendungen	Forschungs-, Entwicklungs- oder Vertriebskosten	Sofort abzugsfähige Betriebsausgaben oder aktivierbare Aufwendungen
Realisierbarkeitsstudien	Forschungskosten	Sofort abzugsfähige Betriebsausgaben
Definition Hardware-/Software-anforderungen	Forschungskosten	Sofort abzugsfähige Betriebsausgaben
Kauf von Hardware	Sachanlagen	Aktivierbare Aufwendungen
Entwickeln und testen der Software	Entwicklungskosten	Aktivierbare Aufwendungen
Grafikdesignleistungen und inhaltliche Designs (soweit nicht zum Zwecke der Verkaufsförderung und Werbung der unternehmenseigenen Produkte/Dienstleistungen entwickelt)	Entwicklungskosten	Aktivierbare Aufwendungen
Content-Entwicklung (Werbung)	Vertriebskosten	Sofort abzugsfähige Betriebsausgaben
Funktion der Direktbestellungen	Entwicklungskosten	Aktivierbare Aufwendungen
Updates	Vertriebskosten	Sofort abzugsfähige Betriebsausgaben (Erhaltungsaufwendungen)

Tab. 6: Website-Aufwendungen

63 SIC-32 i. d. F. 29.11.2019, Fragestellung 2

2.1.2.3.7 Humankapital als immaterieller Vermögensgegenstand

Zu den immateriellen Vermögensgegenständen kann auch sog. Humankapital zählen, zum Beispiel die Spielberechtigung an einem Profisportler oder die Exklusivdienste an einem Künstler, die verkauft und gekauft werden können. Die aufgewendeten Anschaffungskosten zum Erwerb einer Spielberechtigung auf einen bestimmten Profisportler oder die Exklusivdienste an einem Künstler stellen aktivierungsfähige Aufwendungen dar. Diese Aufwendungen werden über die Laufzeit der Spielerberechtigung bzw. des Exklusivvertrages planmäßig abgeschrieben. Es handelt sich um einen immateriellen Vermögensgegenstand, der in der Bilanz aktiviert wird, sodass in diesem Zusammenhang auch Entwicklungskosten und damit sofort abzugsfähige Betriebsausgaben anfallen können.

2.1.2.3.8 Beispiel Spielerlizenz

Der Profihandballverein Hieronymus aus B beschließt eine besonders talentierte Spielerin über die nächsten 5 Jahre zu binden (im Rahmen eines geschlossenen Dienstvertrages) und startet mit ihr eine Kampagne, in der ihr Spezialtrainer bereitgestellt werden sowie Physiotherapeuten. Außerdem nimmt sie an einem Wintertraining in Spanien teil. Das Ziel des Profihandballvereins ist die Erreichung der Bundesligatauglichkeit bei Erreichen eines bestimmten Alters.

Entwicklungskosten und damit aktivierbare Aufwendungen entstehen erstmalig mit dem Vertragsabschluss. Mit Erreichen des Bundesligatauglichkeit endet die Entwicklungsphase.

2.1.2.3.9 Beispiel Abstandszahlung an Mieter

Die Hieronymus-GmbH kauft am 1.11.01 ein, mit einem Bürogebäude bebautes Grundstück. Der Kaufpreis wird gemäß notariellem Kaufvertrag fristgemäß überwiesen. Der Übergang von Nutzen und Lasten erfolgt zum 1.12.01. Da sich aktuell noch ein Mieter im Bürogebäude befindet, dessen Mietvertrag noch bis zum 30.6.02 läuft, zahlt die Hieronymus-GmbH dem Mieter einen Betrag von 25.000 EUR, damit der Mietvertrag vorzeitig aufgelöst werden kann.

Mit der Abstandszahlung hat die Hieronymus-GmbH einen wirtschaftlichen Vorteil entgeltlich erworben, der als immaterielles Wirtschaftsgut des Anlagevermögens (als ähnliche Rechte und Werte) zu aktivieren ist. Die Folgebewertung dieses immateriellen Wirtschaftsgutes erfolgt unter Abschreibung des Rechtes/Wertes über die Zeit, die sich zwischen dem vereinbarten Räumungstermin und dem damals vertraglich vereinbarten Ende des ursprünglichen Mietvertrages liegt. Die Abschreibung hat planmäßig und zeitanteilig zu erfolgen.

2.1.2.3.10 Sonderfall – Kassensitz

Die steuerliche Bewertung von Praxis-Übernahmen wirft immer wieder Fragen auf, obwohl der BFH sich bereits mit Urteil aus 2011[64] umfassend zur Behandlung eines käuflich erworbenen Kassensitzes geäußert hat.

Wesentliches Merkmal eines Kassensitzes bei Ärzten und Psychologen ist, dass die Zuteilung freier oder frei gewordener Kassensitze regelmäßig über die Landesärztekammern erfolgt. Der Kassensitz als solches kann ergo regelmäßig nicht Gegenstand des Verkaufs zwischen einem Praxisinhaber und seinem Nachfolger sein. Gegenstand ist hier neben der Praxis und ihrem Inventar vielmehr die vom Praxisinhaber gegenüber der Ärztekammer ausgesprochene Empfehlung für die Neuverleihung des Kassensitzes. Dies berücksichtigend hat bereits das Finanzgericht Rheinland-Pfalz mit Urteil vom 9.4.2008, 2 K 2649/07, entschieden, dass der Vorteil aus der Vertragsarztzulassung regelmäßig kein selbstständiges Wirtschaftsgut darstellt. Er ist vielmehr ein wertbildender Faktor für den immateriellen Vermögensgegenstand »Praxiswert« für die Facharztpraxis nebst Patientenstamm. Diese Auffassung hat der BFH sodann in seinem Urteil aus 2011 bestätigt. Demnach ist der Kassensitz grundsätzlich kein gesondert auszuweisendes nicht abnutzbares immaterielles Wirtschaftsgut, wenn sich der Kaufpreis für die Arztpraxis nebst Kassensitz nach dem Verkehrswert richtet. Er ist vielmehr im Ausweis des Praxiswert zu erfassen und mit diesem abzuschreiben.

Allerdings greift der BFH in seinem vorgenannten Urteil auch die Rechtsprechung des Finanzgericht Niedersachen aus 2004[65] auf und gibt bekannt, dass in Sonderfällen gleichwohl ein Kassensitz als nicht abnutzbares immaterielles Wirtschaftsgut zu bilanzieren ist. Ein solcher Sonderfall ist laut FG Niedersachen und BFH immer dann gegen, wenn die Ausgleichszahlung des Nachfolgers nicht für die Praxis als solches, sondern ausschließlich für die Empfehlung als Kassensitznachfolger gegenüber der Ärztekammer als Zulassungsbehörde erfolgt. Dies ist z. B. dann gegeben, wenn der Kassensitz eines Psychotherapeuten veräußert wird, bei welchem grds. kein Patientenstamm mitveräußert werden darf, oder der Vertragsarztsitz direkt nach Erhalt der Zulassung vom Nachfolger verlegt wird.

64 Vgl. BFH-Urteil vom 09.08.2011, VIII R 13/08.
65 Vgl. FG Niedersachsen vom 28.09.2004, 13 K 412/01.

2.1.3 Geschäfts- oder Firmenwert

2.1.3.1 Bilanzierung im Handelsrecht und Steuerrecht

Das Handelsgesetzbuch definiert den entgeltlich erworbenen (derivativen) Geschäfts- oder Firmenwert (Goodwill) seit dem Bilanzrechtsmodernisierungsgesetz (BilMoG) aus dem Jahr 2009 wie folgt:

> Der Unterschiedsbetrag, um den die für die Übernahme eines Unternehmens bewirkte Gegenleistung den Wert der einzelnen Vermögensgegenstände des Unternehmens abzüglich der Schulden im Zeitpunkt der Übernahme übersteigt (entgeltlich erworbener Geschäfts- oder Firmenwert), gilt als zeitlich begrenzt nutzbarer Vermögensgegenstand.
>
> § 246 Abs. 1 Satz 4 HGB

Damit stellt der Geschäfts- oder Firmenwert handelsrechtlich kein Vermögensgegenstand dar, wird aber über eine Fiktion wie ein solcher behandelt (»...gilt als...«). Wird also ein Geschäfts- oder Firmenwert entgeltlich erworben, fällt dieser Vermögensgegenstand unter das Vollständigkeitsgebot des § 246 Abs. 1 HGB. Unentgeltlich erworbene und selbstgeschaffene Geschäfts- oder Firmenwerte unterliegen jedoch dem Ansatzverbot gem. § 248 Abs. 2 HGB. Im Rahmen eines Jahresabschlusses tritt der derivative Geschäfts- oder Firmenwert beim Erwerb eines einzelkaufmännischen Unternehmens oder im Rahmen eines Asset-Deals auf. Liegt ein sog. Share-Deal vor, ist der Geschäfts- oder Firmenwert im Beteiligungsansatz inkludiert und damit liegt kein Anwendungsfall des § 246 Abs. 1 Satz 4 HGB vor.

Der Geschäfts- und Firmenwert gilt als Bündel von geschäftswertbildenden Faktoren, der nicht weiter zerlegt werden kann.[66] Darüber hinaus definiert der BFH den Geschäfts- oder Firmenwert als Ausdruck der Gewinnchancen eines Unternehmens, soweit diese nicht auf einzelnen Wirtschaftsgütern oder der Person des Unternehmers beruht, sondern auf dem Betrieb eines lebenden Unternehmens.[67] Liegt die Gegenleistung für den Erwerb eines Unternehmens unter den Zeitwerten der übernommenen Vermögensgegenstände und Schulden, liegt ein negativer Geschäfts- oder Firmenwert vor. Unter Berücksichtigung der Definition der Anschaffungs- und Herstellungskosten des § 255 HGB kommt die Bilanzierung eines negativen Geschäfts- oder Firmenwertes nicht in Betracht. Es gibt jedoch in der Fachliteratur vielfach eine andere Auffassung zur Nicht-Bilanzierung eines negativen Geschäfts- oder Firmenwertes.[68] Nach diesen Meinungen sei nur über die Bilanzierung eines entgeltlich erworbenen

66 BFH-Urteil vom 16.3.1996, BStBl II, 576.
67 BFH-Urteil vom 26.11.2009 – III R 40/07, BFH/NV 2010 S. 721.
68 Bachem BB 1993, 967, 1976; Pusecker/Schruff BB 1996, 735, 742.

negativen Geschäfts- oder Firmenwertes eine erfolgsneutrale Bilanzierung der Anschaffungskosten zu erreichen. Die Folge wäre die Passivierung eines Ausgleichspostens, der entsprechend den eingetretenen Verlusten aufzulösen ist.[69]

Für die Ermittlung des entgeltlich erworbenen Geschäfts- oder Firmenwertes müssen in einem ersten Schritt die Vermögensgegenstände des Anlagevermögens und Umlaufvermögens, die selbstständig bewertbar sind, extrahiert werden. Sie werden sodann gem. § 246 Abs. 1 HGB einzeln erfasst. Was übrig bleibt ist eine Restgröße, die nur noch die geschäftswertbildenden Faktoren enthält, mithin Werte, die nicht einzeln veräußerbar sind. Doch was genau sind diese geschäftswertbildenden Faktoren bzw. welche Rechte zählen nicht zu den geschäftswertbildenden Faktoren?

Kundenaufträge und Belieferungsrechte können losgelöst vom Unternehmen an sich veräußert werden und sind damit keine geschäftswertbildenden Faktoren. Wenn diesen Kundenaufträgen und Belieferungsrechten mit an Sicherheit grenzender Wahrscheinlichkeit ein Teil des Kaufpreises zugeordnet werden kann, sind sie neben einem Geschäfts- oder Firmenwert anzusetzen.[70]Kommt es für die Kundenaufträge und Belieferungsrechte unter Berücksichtigung der Verkehrsanschauung zur Annahme von einzeln zu bewertenden Vermögensgegenständen, ist auch von Bedeutung, ob die Vertragsparteien bei der anteiligen Kaufpreisbemessung eine nachvollziehbare Einzelbewertung vorgenommen haben.[71]Zu den geschäftswertbildenden Faktoren zählen der Mitarbeiterstamm und ungeschütztes Know-how. Diese sind beim Erwerb eines ganzen Unternehmens nicht von diesem trennbar und damit nicht selbstständig bilanzierungsfähig. Ebenso stellt der Kundenstamm oder die Patienten-/Mandantenkartei einen geschäftswertbildenden Faktor dar. Stellt der Kundenstamm oder die Patienten-/Mandantenkartei den einzigen geschäftswertbildenden Faktor dar, unterbleibt eine Abgrenzung zu anderen Vermögensgegenständen.

Eine handelsrechtliche Aktivierung kommt nur in Betracht, wenn es sich um eine Gegenleistung für den Erwerb eines Unternehmens handelt. Was genau das Gesetz mit Unternehmen meint, führt es nicht aus. Nach der Auslegung des Gesetzes ist von einer sog. Sachgesamtheit auszugehen, das heißt, dass der Erwerber eine Sachgesamtheit mit Unternehmensqualität erworben haben muss. Eine Sachgesamtheit mit Unternehmensqualität wird angenommen, wenn alle betriebsnotwendigen Grundlagen vorhanden sind und damit eine selbstständige Teilnahme am allgemeinen wirtschaftlichen Verkehr angenommen werden kann. Ist diese Unternehmensqualität der Sachgesamt nicht gegeben, sind die Vermögensgegenstände entweder einzeln zu be-

---

69 Heurung DB 1995, 385, 92.
70 BFH-Urteil vom 15.12.1993 BFH/NV 1994, 543, 545.
71 BFH-Urteil vom 7.11.1985 BStBl II 1986, 176.

werten oder direkt aufwandswirksam zu verbuchen. Neben den klassischen Einzelfirmen zählen zu den Sachgesamtheiten mit Unternehmensqualität auch Teilbetriebe.

MERKE

Wird ein Teil eines Betriebes übernommen und muss für diesen Teil die Fähigkeit der Teilnahme am allgemeinen wirtschaftlichen Verkehr erst noch hergestellt werden, liegt keine Sachgesamtheit mit Unternehmensqualität vor.[72]

Der wohl in der Praxis gängigste Fall der Erwerbs von wesentlichem Vermögen eines bereits am allgemeinen Markt tätigen Unternehmens sind die Erwerbe von Filialen eines Unternehmens (zum Beispiel in der Hotel-, Tankstellen oder Einzelhandelsbranche).

Unstrittig liegt der Erwerb einer Sachgesamtheit mit Unternehmensqualität vor, wenn das wesentliche Vermögen einer bereits am allgemeinen Markt tätigen Unternehmung erfolgt. Hierbei ist es irrelevant, ob es sich dabei um ein Unternehmen in der Form einer Personengesellschaft, einer Kapitalgesellschaft oder eines Einzelunternehmens handelt.

Ausnahme bei Erwerb einer vermögensverwaltenden Ein-Objekt-Gesellschaft

Verfügt eine Gesellschaft, die in der Rechtsform einer GmbH & Co. KG geführt wird, lediglich über ein bebautes Grundstück, mit dem sie geringe Einnahmen erzielt und darüber hinaus nichts (keine wesentlichen Vermögensgegenstände, keinen Mandantenstamm oder Personal), liegt kein Erwerbsobjekt mit Unternehmensqualität vor. Auch die Tatsache, dass die Gesellschaft gewerbliche Einkünfte gem. § 15 Abs. 3 Nr. 2 EStG erklärt, weil ausschließlich eine Kapitalgesellschaft als persönlich haftende Gesellschafterin die Geschäftsführung übernimmt, ändert an der handelsrechtlichen Beurteilung als Erwerbsobjekt nichts.[73]

Im Falle des Erwerbs von wesentlichem Vermögen eines noch nicht am allgemeinen wirtschaftlichen Markt tätigen Start-ups kann noch nicht von einem Unternehmenserwerb ausgegangen werden. Es fehlen in diesem Fall noch die den Firmenwert bestimmenden Faktoren wie Kundenkreis, Know-how des Unternehmens und ähnliche. Anders beurteilt sich die Lage jedoch, wenn das Start-up bereits am allgemeinen Markt wirtschaftlich tätig war, dann ist der Erwerb des wesentlichen Vermögens als Erwerb eines Unternehmens anzunehmen.

Das Steuerrecht folgt dem handelsrechtlichen Ansatzgebot, soweit das Wirtschaftsgut »Geschäfts- oder Firmenwert« entgeltlich erworben wurde, gemäß dem Grundsatz der Maßgeblichkeit der Handelsbilanz für die Steuerbilanz. § 5 Abs. 2 EStG konkretisiert, dass ein Aktivposten für immaterielle Wirtschaftsgüter des Anlagever-

72 BFH-Urteil vom 19.11.1985 BFH/NV 1986, 363.
73 Lüdenach, StuB 2017, S. 240.

mögens nur angesetzt werden darf, wenn er entgeltlich erworben wurde. Genau wie das Handelsrecht, ist auch im Steuerrecht eine Aktivierungsvoraussetzung, dass das erworbene Wirtschaftsgut eine Sachgesamtheit eines bereits am allgemeinen Markt tätigen Unternehmens(teils) darstellt.

Ebenso wie im Handelsrecht, ist im Steuerrecht der entgeltliche Erwerb eines lebenden Unternehmens zum Zwecke der Fortführung[74] Voraussetzung für die Aktivierung im Anlagevermögen. Dem Erwerber muss es möglich sein, ohne großen finanziellen Aufwand das erworbene Unternehmen fortzuführen.

Unterscheidung derivativer und originäre Geschäfts- und Firmenwert

Der wesentliche Unterschied in der Beurteilung eines derivativen (entgeltlich erworbenen, aktivierungsfähigen) und originären (nicht entgeltlich erworbenen und nicht aktivierungsfähigem) Vermögensgegenstand bzw. Wirtschaftsgut liegt in der Tatsache, ob ein Unternehmen oder Unternehmensteil übernommen wurde zur Fortführung der Geschäfte, oder um es zu liquidieren.[75]

Wurde das Unternehmen oder der Unternehmensteil mit dem Ziel der Stilllegung oder Liquidation erworben, liegen Anschaffungskosten für den eigenen (originären) Geschäfts- oder Firmenwert vor. Für diese Art der Aufwendungen sieht das Handelsrecht ein Aktivierungsverbot vor gem. § 248 Abs. 2 Satz 2 HGB. Das Steuerrecht folgt diesem Aktivierungsverbot über den Umkehrschluss aus § 5 Abs. 2 EStG.

Bei einer unentgeltlichen Übertragung eines Geschäfts- oder Firmenwertes zwischen Schwestergesellschaften oder im Rahmen einer verdeckten Einlage eines Geschäfts- oder Firmenwertes durch einen Gesellschafter einer Kapitalgesellschaft auf eine Kapitalgesellschaft, kann ein entgeltlicher Erwerb mangels Gegenleistung handelsrechtlich nicht angenommen werden. Aus solchen Vorgängen können handelsrechtlich keine derivativen Geschäfts- oder Firmenwerte entstehen. Im Steuerrecht hingegen geht man bei den zuvor genannten Übertragungen von entgeltlichen Erwerben aus, weil das steuerrechtliche Aktivierungsverbot nach § 5 Abs. 2 EStG keine Anwendung auf unentgeltlich erworbene Wirtschaftsgüter findet.[76]

	Unentgeltlich erworbener Geschäfts- oder Firmenwert	**Entgeltlich erworbener Geschäfts- oder Firmenwert**
Handelsbilanz	Aktivierungsverbot	Aktivierungsgebot
Steuerbilanz	Aktivierungsverbot	Aktivierungsgebot

Tab. 7: Vergleich Ansatz eines Geschäfts- oder Firmenwertes

74 BFH-Urteil vom 29.7.1982, BStBl II, 650.
75 BFH-Urteil vom 23.6.1981, BStBl II 1982, 56.
76 BFH-Urteil vom 20.8.1986, BStBl II 1987, 455 und BFH GrS 26.10.1987, BStBl II 1988, 348.

2.1.3.2 Bewertung im Handelsrecht und Steuerrecht

Aufgrund des handelsrechtlichen Aktivierungsgebotes ist der entgeltlich erworbene Geschäfts- oder Firmenwert mit seinen Anschaffungskosten gem. § 255 Abs. 1 HGB in Ansatz zu bringen. Dieser Wert stellt zugleich den Höchstwert für die folgenden Bewertungsstichtage dar. Die Zugangsbewertung gilt über den Grundsatz der Maßgeblichkeit der Handelsbilanz für die Steuerbilanz ebenso für den steuerrechtlichen Ansatz in der Bilanz.

Der Geschäfts- oder Firmenwert lässt sich über folgende Formel ermitteln:

Ermittlung Wert der Vermögensgegenstände des übernommenen Unternehmens	..... EUR
abzgl. Wert der Schulden des übernommenen Unternehmens	..... EUR
Saldo Unterschiedsbetrag	..... EUR
Kaufpreis des erworbenen Unternehmens	..... EUR
abzgl. Saldo Unterschiedsbetrag	..... EUR
Saldo Anschaffungskosten für Geschäfts- oder Firmenwert	..... EUR

Aus der Rechtsprechung heraus haben sich zwei Methoden entwickelt, durch die sich der Firmenwert berechnen lässt, die direkte und die indirekte Methode:

Indirekte Methode der Firmenwertermittlung[77]

Ertragswert des erworbenen Unternehmens (=durchschnittlicher Gewinn x Kapitalisierungsfaktor)
abzgl. Substanzwert des Unternehmens
= Saldo innerer Wert des Unternehmens
abzgl. 50 % Abschlag für Risiko und Fehlerquellen
= Saldo Firmenwert des erworbenen Unternehmens

Direkte Methode der Firmenwertermittlung[78]

Verzinsung Substanzwert des erworbenen Unternehmens
zzgl. angemessener Unternehmerlohn
abzgl. durchschnittlich erzielbarer nachhaltiger Gewinn des erworbenen Unternehmens
= Saldo Gewinn-»Mehr«
x Kapitalisierungsfaktor
= Saldo Zwischensumme
abzgl. 50 % Abschlag[79]
= Firmenwert des erworbenen Unternehmens

77 BFH-Urteil vom 8.12.1976 – I R 215/73, BStBl II 1977, 409.

78 BFH-Urteil vom 28.10.1976. IV R 76/72, BStBl II 1977, 73.

79 Horschitz/Fanck/Guschl/Kirschbaum/Schustek/Haug, Bilanzsteuerrecht und Buchführung, 16. Auflage 2021, S. 431.

In der Praxis hat sich zu der indirekten und der direkten Methode der Firmenwertermittlung noch eine dritte Methode, die sog. Mittelwertmethode ergeben. Die Ermittlung des Firmenwertes im Rahmen der Mittelwertmethode ergibt sich wie folgt:

Firmenwertermittlung mittels Mittelwertmethode

Ertragswert des erworbenen Unternehmens (ermittelt nach der indirekten Methode)
zzgl. Substanzwert des erworbenen Unternehmens
= Saldo Zwischenwert
/ 2
= Unternehmenswert des erworbenen Unternehmens
abzgl. Substanzwert des erworbenen Unternehmens
= Firmenwert des erworbenen Unternehmens

Im Rahmen der Folgebewertung wird der als zeitlich begrenzt nutzbare Vermögensgegenstand des entgeltlich erworbenen Geschäfts- oder Firmenwertes gem. § 246 Abs. 1 Satz 4 HGB planmäßig über seine Nutzungsdauer gem. § 253 Abs. 3 Satz 1 HGB abgeschrieben. Als planmäßige Abschreibung über die Nutzungsdauer des Geschäfts- oder Firmenwertes ist die Verteilung der Anschaffungskosten über die Zeit der voraussichtlichen Entwertung zu verstehen. Erfolgt der Zugang unterjährig, ist die Abschreibung pro rata temporis (zeitanteilig) vorzunehmen. Als planmäßige Abschreibungsdauer wird die Zeit angenommen, die der individuellen betrieblichen Nutzung im Unternehmen entspricht. Die individuelle betriebliche Nutzungsdauer kann anhand folgender Kriterien ermittelt werden:

- die Art und die voraussichtliche Bestandsdauer des erworbenen Unternehmens,
- die Stabilität und Bestandsdauer der Branche des erworbenen Unternehmens,
- der Lebenszyklus der Produkte des erworbenen Unternehmens,
- die Auswirkungen von Veränderungen der Absatz- und Beschaffungsmärkte sowie der wirtschaftlichen Rahmenbedingungen auf das erworbene Unternehmen,
- der Umfang der Erhaltungsaufwendungen, die erforderlich sind, um den erwarteten ökonomischen Nutzen des erworbenen Unternehmens zu realisieren,
- die Laufzeit wichtiger Absatz- und Beschaffungsverträge des erworbenen Unternehmens,
- die voraussichtliche Tätigkeit von wichtigen Mitarbeitern und/oder Mitarbeitergruppen für das erworbene Unternehmen,
- das erwartete Verhalten potenzieller Wettbewerber des erworbenen Unternehmens sowie
- die voraussichtliche Dauer der Beherrschung des erworbenen Unternehmens.[80]

80 BMJV (Hrsg.), Bekanntmachung des DRS 23 »Kapitalkonsolidierung (Einbeziehung von Tochterunternehmen in den Konzernabschluss«) vom 15.2.2016, Bundesanzeiger vom 23.2.2016, Amtlicher Teil, Beilage 2.

Nun ergeben sich in der Praxis häufig erhebliche Probleme bei der Einschätzung der Nutzungsdauer eines Geschäfts- oder Firmenwertes. Hierfür wurde § 253 Abs. 3 Sätze 3, 4 HGB ins Gesetz aufgenommen:

> (3) […]. Kann in Ausnahmefällen die voraussichtliche Nutzungsdauer eines selbst geschaffenen immateriellen Vermögensgegenstands des Anlagevermögens nicht verlässlich geschätzt werden, sind planmäßige Abschreibungen auf die Herstellungskosten über einen Zeitraum von zehn Jahren vorzunehmen. Satz 3 findet auf einen entgeltlich erworbenen Geschäfts- oder Firmenwert entsprechende Anwendung.
>
> § 253 Abs. 3 Sätze 3,4 HGB

Ergänzend hierzu ergibt sich aus § 285 Nr. 13 HGB eine Pflicht zur Erläuterung des Zeitraums, über den ein entgeltlich erworbener Geschäfts- oder Firmenwert abgeschrieben wird.

Kürzere Nutzungsdauer möglich

Lässt sich eine voraussichtlich kürzere betriebliche Nutzungsdauer für den entgeltlich erworbenen Geschäfts- oder Firmenwert verlässlich schätzen, ist diese in Ansatz zu bringen.[81]

Die Dauer des höchstzulässigen Zeitraums für die handelsrechtliche Abschreibung eines entgeltlich erworbenen Geschäfts- oder Firmenwertes liegt seit Art. 12 Abs. 11 Unterabsatz 2 der Bilanzrichtlinie[82] bei nicht weniger als fünf Jahren und nicht mehr als zehn Jahren. Der Mindestzeitraum von fünf Jahren ist als Pauschalierung im Rechnungs- und Finanzwesen nicht ungewöhnlich. In der Regel werden von Unternehmen innerhalb eines fünfjährigen Zeitraums mittelfristige Planungen zum Zwecke der Unternehmensbewertung oder auch Cashflow-Prognosen zur Ermittlung der Wertminderungen nach IAS 36 erstellt.

EXKURS

Eine Begründung dafür, warum ein fünfjähriger Zeitraum angenommen werden kann, ergibt sich im Wesentlichen aus IAS 36.35:

»Detaillierte, eindeutige und verlässliche Finanzpläne/Vorhersagen für künftige Cashflows für längere Perioden als fünf Jahre sind i. d. R. nicht verfügbar. Aus diesem Grund beruhen die Schätzungen des Managements über die künftigen Cashflows auf den jüngsten Finanzplänen/Vorhersagen für einen Zeitraum von maximal fünf Jahren. Das Management kann

81 BT-Drucks. 18/4050, S. 56.

82 RL 2013/34/EU – Bilanzrichtlinie vom 26.06.2013.

auch Cashflow-Prognosen verwenden, die sich auf Finanzpläne/Vorhersagen für einen längeren Zeitraum als fünf Jahre erstrecken, wenn es sicher ist, dass diese Prognosen verlässlich sind und es seine Fähigkeit unter Beweis stellen kann, basierend auf vergangenen Erfahrungen, die Cashflows über den entsprechenden längeren Zeitraum genau vorherzusagen.«

Es ist jedoch auch richtlinienkonform im Sinne des Art. 12 Abs. 11 Unterabsatz 2 der Bilanzrichtlinie einen entgeltlich erworbenen Geschäfts- oder Firmenwert über einen längeren Zeitraum als zehn Jahre abzuschreiben, wenn die längere Nutzungsdauer verlässlich geschätzt werden kann. Werden betriebliche Nutzungsdauern von weniger als fünf Jahren bzw. mehr als zehn Jahren vom Unternehmer angesetzt, sind an den Nachweis dieser Nutzungsdauer erhöhte Anforderungen gestellt. Die Beweislast liegt hierbei immer und insbesondere bei einer kürzeren Nutzungsdauer und der damit verbundenen höheren Abschreibungsbeträge auf der Seite des Unternehmers/Unternehmens.

Bei einer voraussichtlich dauernden Wertminderung (beizulegender Wert ist am Bilanzstichtag voraussichtlich dauerhaft niedriger als der anzusetzende Buchwert) findet auch die außerplanmäßige Abschreibung auf den entgeltlich erworbenen Geschäfts- oder Firmenwert Anwendung. Gemäß § 253 Abs. 3 Satz 5 HGB ist der Bilanzansatz bei Vorliegen einer voraussichtlich dauernden Wertminderung auf den niedrigeren Zeitwert außerplanmäßig abzuschreiben. Gründe, die für eine voraussichtlich dauernde Wertminderung und damit eine außerplanmäßige Abschreibung des entgeltlich erworbenen Geschäfts- oder Firmenwertes sprechen, sind zum Beispiel eine gesunkene Rentabilität des erworbenen Unternehmens oder Unternehmensteils aber auch das Auftauchen eines neuen Konkurrenten in der Produktsparte, die das abschreibende Unternehmen abdeckt.

Coronapandemie

Insbesondere die wirtschaftlichen Entwicklungen seit dem Ausbruch der Coronaerkrankungen können eine außerplanmäßige Abschreibung des derivativen Geschäfts- oder Firmenwertes begründen.[83]

83 IDW, Fachlicher Hinweis zu den Auswirkungen der Ausbreitung des Coronavirus auf die Rechnungslegung und deren Prüfung (Teil 2), unter 3.2.2 und 3.2.6.

Fallen die Gründe für die dauernde Wertminderung zu einem späteren Bilanzstichtag wieder weg, ist der – durch die außerplanmäßige Abschreibung – niedrige Wertansatz gem. § 253 Abs. 5 Satz 1 HGB grundsätzlich wieder zu neutralisieren. Dies gilt jedoch gem. § 253 Abs. 5 Satz 2 HGB ausdrücklich nicht für einen entgeltlich erworbenen Geschäfts- oder Firmenwert.

In der Steuerbilanz erfolgt die Abschreibung des entgeltlich erworbenen Geschäfts- oder Firmenwertes gem. § 7 Abs. 1 Satz 3 EStG über einheitlich 15 Jahre. Das Gesetz schreibt hier eine einheitliche lineare Abschreibung vor. Eine Maßgeblichkeit der Abschreibungsdauer in der Steuerbilanz für die Handelsbilanz besteht nicht. Die steuerrechtlich festgelegte Abschreibungsdauer ist auch dann in Ansatz zu bringen, wenn dem erworbenen Unternehmer im Einzelfall Erkenntnisse über eine kürzere Nutzungsdauer vorliegen.[84] Dies gilt ebenso für den Fall, dass in der Handelsbilanz eine kürzere Nutzungsdauer zugrunde gelegt wird.

Ebenso wie das Handelsrecht sieht auch das Steuerrecht die außerplanmäßige Abschreibung vor, im EStG geregelt in § 6 Abs. 1 Nr. 1 Sätze 1 ff. EStG (sog. Teilwertabschreibung). Auch im Steuerrecht kann die Teilwertabschreibung auf abnutzbare Wirtschaftsgüter nur vorgenommen werden, wenn eine dauernde Wertminderung vorliegt. Eine voraussichtlich dauernde Wertminderung liegt im Steuerrecht vor, wenn der Teilwert nachhaltig hinter dem maßgeblichen Buchwert zurückbleibt.[85] Davon ist auszugehen, wenn aufgrund objektiver Anzeichen ernstlich mit einem langfristigen Anhalten der Wertminderung gerechnet werden muss.[86] Maßgeblich ist, ob aus der Sicht des Bilanzstichtages mehr Gründe für ein Andauern der Wertminderung sprechen als dagegen.[87]

In den Folgejahren darf ein niedrigerer Wertansatz für das Wirtschaftsgut gem. § 6 Abs. 1 Nr. 1 Satz 4 EStG nicht beibehalten werden, wenn der Unternehmer den niedrigeren Teilwert und die voraussichtlich dauernde Wertminderung nicht mehr nachweisen kann.[88] In Bezug auf die Voraussetzungen und Vornahme sowie Dokumentations- und Nachweispflichten wird auf Kapitel 2.1.2.2 verwiesen. Bei der Zuschreibung darf jedoch der Buchwert, der sich bei planmäßiger Abschreibung zum Bilanzstichtag ergeben hätte, nicht überschritten werden (Bewertungsobergrenze).

84 BMF-Schreiben vom 20.11.1986, BStBl I, 532.
85 BFH/NV 2014, 1736; BFHE 219, 100 BStBl II 2009, 294.
86 BFH/NV 2014, 1736, BFHE 23, 263 BStBl II 2014, 612.
87 BFHE 235, 263 BStBl II 2014.
88 BMF-Schreiben vom 2.9.2016, BStBl 2016 I 955, Rz. 4.

Abschreibung bei einem entgeltlich erworbenen Geschäfts- oder Firmenwert	
Handelsbilanz	**Steuerbilanz**
Lineare Abschreibung	
Schritt 1: verlässliche Schätzung einer betriebsgewöhnliche Nutzungsdauer Schritt 2: Ist Schritt 1 nicht möglich, wird gesetzliche Nutzungsdauer von 10 Jahren in Ansatz gebracht (§ 253 Abs 3 Satz 3, 4 HGB)	Gewerbetreibende: Ansatz einer betriebsgewöhnlichen Nutzungsdauer von 15 Jahren (gem. § 7 Abs. 1 Satz 3 EStG) Freiberufler mit Einzelpraxis: Ansatz einer betriebsgewöhnlichen Nutzungsdauer von 3-5 Jahren Freiberufler-Sozietät: Ansatz einer betriebsgewöhnlichen Nutzungsdauer von 6-10 Jahren
Außerplanmäßige Abschreibung/Teilwertabschreibung	
Außerplanmäßige Abschreibung bei voraussichtlich dauernder Wertminderung (gem. § 253 Abs. 3 Satz 3 HGB)	Teilwertabschreibung kann im Rahmen von engen Grenzen vorgenommen werden – Wahlrecht – (§ 6 Abs. 1 Nr. 1 Satz 2 EStG)
Wertaufholung	
Eine Wertaufholung in späteren Wirtschaftsjahren ist nicht zulässig (gem. § 253 Abs. 5 Satz 2 HGB)	Eine Wertaufholung bis zur Bewertungsobergrenze ist zwingend erforderlich (gem. § 6 Abs. 1 Nr. 1 Satz 4 EStG)

Tab. 8: Abschreibung bei einem entgeltlich erworbenen Geschäfts- oder Firmenwert

2.1.3.3 SONDERFÄLLE, BEISPIEL und GESTALTUNG

2.1.3.3.1 Abgrenzung Praxiswert

Von dem entgeltlich erworbenen Geschäfts- oder Firmenwert ist der Praxiswert abzugrenzen, der nur bei einem Freiberufler vorliegen kann. Der Praxiswert stellt einen Wert dar, der auf dem persönlichen Vertrauensverhältnis zwischen dem Praxisinhaber und seinem Kunden/Mandanten besteht. Dieser Wert schmälert sich, wenn der Praxisinhaber aus seiner Praxis ausscheidet. § 7 Abs. 1 Satz 3 EStG, mithin die lineare Abschreibung über eine betriebsgewöhnliche Nutzungsdauer von 15 Jahren, findet auf den Praxiswert eines Freiberuflers keine Anwendung.

Der Praxiswert ist mit einer betriebsgewöhnlichen Nutzungsdauer von drei bis fünf Jahren abzuschreiben.[89] Bleiben der oder die bisherigen Praxisinhaber bei einer Sozietätsgründung weiterhin tätig, ist der aufgedeckte Sozietätspraxiswert ebenfalls in typisierender Betrachtungsweise innerhalb der doppelten Nutzungsdauer, d. h. zwi-

89 BFH-Urteil vom 24.2.1994 BStBl II, 590 und BFH-Urteil vom 28.5.1998 BStBl II, 775.

schen sechs und zehn Jahren abzuschreiben.[90] Dasselbe gilt, wenn eine Einzelpraxis in eine Gesellschaft mit beschränkter Haftung eingebracht wird und zugleich der frühere Praxisinhaber Alleingesellschafter der Gesellschaft mit beschränkter Haftung wird.[91]

2.1.3.3.2 Beispiel: Ermittlung Firmenwert; Ansatz- und Folgebewertung

Am 1.7.01 erwirbt die Hieronymus-GmbH das Einzelunternehmen des F. Das Wirtschaftsjahr der Hieronymus-GmbH stimmt mit dem Kalenderjahr überein. F hat bislang an der Entwicklung von neuartigen, gesundheitsfördernden Sitzprodukten gearbeitet und sich hierauf auch ein Patent eintragen lassen. F hat bereits auf seinem betrieblichen Grundstück mit aufstehender Produktionsanlage die entwickelten Produkte produziert und zum Verkauf hergestellt. Die Hieronymus-GmbH übernimmt zum 1.7.01 neben sämtlichen Vermögensgegenständen auch sämtliche Schulden/Verbindlichkeiten des F. Die Hieronymus-GmbH zahlt F für den Kauf seines Unternehmens 6.500.000 EUR. F hat sich für drei Jahre nach dem Übergang des Unternehmens auf die Hierponymus-GmbH verpflichtet keine weiteren Sitzprodukte mehr zu entwickeln und zu vertreiben. F hat der Hieronymus-GmbH eine Handelsbilanz mit folgenden (vereinfacht und auszugsweise dargestellten) Bilanzpositionen zum Stichtag 1.7.01 vorgelegt:

Posten der Bilanz	Buchwert zum 1.7.01	Zeitwert zum 1. 7.01
Grund und Boden X-Straße	500.000 EUR	750.000 EUR
Grund und Boden Y-Straße	550.000 EUR	650.000 EUR
Gebäude X-Straße	250.000 EUR	300.000 EUR
Gebäude Y-Straße	400.000 EUR	475.000 EUR
Technische Anlagen und Maschinen	450.000 EUR	500.000 EUR
Produktionsstraße	150.000 EUR	185.000 EUR
Guthaben bei Banken	350.000 EUR	350.000 EUR
Summe Aktiva	**2.650.000 EUR**	**3.210.000 EUR**
Verbindlichkeiten	1.210.000 EUR	1.210.000 EUR
Summe Passiva	**1.210.000 EUR**	**1.210.000 EUR**

Tab. 9: Handelsbilanzwerte zum 1. Juli 01

90 Beck`scher Bilanzkommentar, 12. Auflage aus 2020, Schubert/Andrejewski zu § 253 Rz. 399.

91 BMF-Schreiben vom 15.1.1995, BStBl 1995 I 14.

Das von F eingetragene und mitveräußerte Patent hat einen Wert von 2.000.000 EUR. Von dem Aktivierungswahlrecht gem. § 248 Abs. 2 HGB hatte F zum damaligen Zeitpunkt keinen Gebrauch gemacht. Das Patent hat zum Übertragungsstichtag noch eine Restlaufzeit von 10 Jahren. In dem o. g. Kaufpreis ist der Wert des übernommenen Patents enthalten.

Für die dreijährige Wettbewerbsklausel zahlt die Hieronymus-GmbH dem F zusätzlich zum Kaufpreis 1.000.000 EUR. Eine verlässliche Schätzung der betriebsgewöhnlichen Nutzungsdauer führt zu einer Laufzeit von fünf Jahren.

Lösung: (Hinweis: die Lösung konzentriert sich ausschließlich auf den entgeltlich erworbenen Geschäfts- oder Firmenwert und das Patent)

Die Zahlung des Betrages von 7.500.000 EUR enthält einen entgeltlich erworbenen Geschäfts- oder Firmenwert. Dieser ist der Unterschiedsbetrag, um den die für die Übernahme des Unternehmens gezahlte Gegenleistung die Summe der Vermögensgegenstände abzüglich der Schulden des Unternehmens übersteigt, § 246 Abs. 1 Satz 4 HGB. Der entgeltlich erworbene Geschäfts- oder Firmenwert gilt als begrenzt abnutzbarer immaterieller Vermögensgegenstand und unterliegt damit einem Ansatzgebot. Dies gilt über den Grundsatz der Maßgeblichkeit gem. § 5 Abs. 1 Satz 1 HGB ebenso für die Steuerbilanz.

Die Hieronymus-GmbH hat das Patent entgeltlich erworben. Bei einem Patent handelt es sich um einen abnutzbaren immateriellen Vermögensgegenstand des Anlagevermögens gem. § 247 Abs. 2 HGB. Da die Hieronymus-GmbH das Patent gegen Zahlung eines Entgelts von F erworben hat, sind diese Anschaffungskosten zu aktivieren gem. § 246 Abs. 1 HGB und Umkehrschluss aus § 248 Abs. 2 HGB. Dass das Patent von F bislang aufgrund des Wahlrechts nach § 248 Abs. 2 HGB nicht aktiviert hat, ändert an der jetzigen Aktivierung nichts. Die Bewertung des Patents erfolgt mit seinen Anschaffungskosten gemindert um die planmäßige Abschreibung gem. § 253 Abs. 1, 3 HGB.

Ermittlung des derivativen Geschäfts- oder Firmenwertes:

Vermögensgegenstände des übernommenen Unternehmens zum Zeitwert	3.210.000 EUR
zzgl. übernommenes Patent	2.000.000 EUR
abzgl. Verbindlichkeiten des übernommenen Unternehmens	1.210.000 EUR
= Saldo Reinvermögen	4.000.000 EUR
gezahlter Kaufpreis der Hieronymus-GmbH	7.500.000 EUR
= derivativer Geschäfts- oder Firmenwert des übernommenen Unternehmens	3.500.000 EUR

Tab. 10: Ermittlung des derivativen Geschäfts- oder Firmenwertes

Die Anschaffungskosten gem. §255 Abs.1 HGB für den derivativen Geschäfts- oder Firmenwert betragen 3.500.000 EUR. Die planmäßige Abschreibung erfolgt handelsbilanziell über die verlässlich geschätzte betriebsgewöhnliche Nutzungsdauer von fünf Jahren ab Anschaffung. Gründe für eine außerplanmäßige Abschreibung liegen nicht vor. Die jährliche Abschreibung beträgt 700.000 EUR (3.500.000 EUR / 5 Jahre). Aufgrund des unterjährigen Zugangs ist die Abschreibung pro rata temporis zu ermitteln, mithin für 6 Monate in 01.

Ermittlung des handelsrechtlichen Bilanzansatzes zum 31. Dezember 01	
Zugang mit Anschaffungskosten am 1. Juli 01	3.500.000 EUR
Planmäßige Abschreibung für 6 Monate in 01	350.000 EUR
Buchwert zum 31. Dezember 01	3.150.000 EUR

Tab. 11: Ermittlung des handelsrechtlichen Bilanzansatzes zum 31. Dezember 01

Für die Steuerbilanz schreibt §7 Abs.1 Satz 3 EStG eine betriebsgewöhnliche Nutzungsdauer für den derivativen Geschäfts- oder Firmenwert von 15 Jahren vor. Eine kürzere Abschreibungsdauer, wie die, die für die Handelsbilanz in Ansatz gebracht wurde, darf nicht für das Steuerrecht übernommen werden. Die jährliche Abschreibung beträgt 233.334 EUR (3.500.000 EUR / 15 Jahre). Aufgrund des unterjährigen Zugangs ist die Abschreibung pro rata temporis zu ermitteln, mithin für 6 Monate in 01.

Ermittlung des steuerrechtlichen Bilanzansatzes zum 31. Dezember 01	
Zugang mit Anschaffungskosten am 1. Juli 01	3.500.000 EUR
Planmäßige Abschreibung für 6 Monate in 01	116.667 EUR
Buchwert zum 31. Dezember 01	3.383.333 EUR

Tab. 12: Ermittlung des steuerrechtlichen Bilanzansatzes zum 31. Dezember 01

Die unterschiedlichen Abschreibungsbeträge in Handels- und Steuerbilanz können entweder durch die Aufstellung einer Steuerbilanz oder durch eine außerbilanzielle Hinzurechnung in Höhe von 166.666 EUR dargestellt werden, um den korrekten Steuerbilanzgewinn zu ermitteln und der Besteuerung zugrunde legen zu können.

Das Patent wird mit seinen Anschaffungskosten, vermindert um die planmäßige Abschreibung bewertet und bilanziert, gem. §253 Abs. 1,3 HGB, §5 Abs. 1 Satz 1 HGB und §6 Abs. 1 Nr. 1, §7 EStG:

Zugang mit Anschaffungskosten am 1. Juli 01	2.000.000 EUR
Planmäßige Abschreibung für 6 Monate in 01	100.000 EUR
Buchwert zum 31. Dezember 01	1.900.000 EUR

Möchte die Hieronymus-GmbH nach dem Erwerb des Unternehmens einen möglichst geringen Jahresüberschuss ausweisen, müsste – nach verlässlicher Schätzung – eine niedrigere Restlaufzeit für das erworbene Unternehmen in Ansatz gebracht werden. Möchte ein möglichst hoher Jahresüberschuss ausgewiesen werden, müsste – nach verlässlicher Schätzung – eine höhere Restlaufzeit für das erworbene Unternehmen in Ansatz gebracht werden. Werden betriebliche Nutzungsdauern von weniger als fünf Jahren bzw. mehr als zehn Jahren vom Unternehmer angesetzt, sind an den Nachweis dieser Nutzungsdauer erhöhte Anforderungen gestellt. Die Beweislast liegt hierbei immer auf der Seite des Unternehmers/Unternehmens.

Ausgehend von den im Beispiel zuvor genannten Zahlen würden sich folgende handelsbilanziellen Auswirkungen beim Ansatz unterschiedlicher Nutzungsdauern ergeben:

Nutzungsdauer von 3 Jahren	Nutzungsdauer von 5 Jahren	Nutzungsdauer von 7 Jahren	Nutzungsdauer von 9 Jahren
Abschreibung p. a. 1.166.667 EUR	Abschreibung p. a. 700.000 EUR	Abschreibung p. a. 500.000 EUR	Abschreibung p. a. 388.889 EUR
Gewinnauswirkung			
- 1.166.667 EUR	- 700.000 EUR	- 500.000 EUR	- 388.889 EUR

Tab. 13: Vergleich Auswirkungen der Laufzeiten von derivativen Geschäfts- oder Firmenwerten

2.1.4 Geleistete Anzahlungen

2.1.4.1 Bilanzierung im Handelsrecht und Steuerrecht

Leistet der Unternehmer eine Zahlung, obwohl er noch keinen immateriellen Vermögensgegenstand erhält, spricht man von einer geleisteten Anzahlung. Geleistete Anzahlungen sind Vorleistungen auf eine von dem anderen Vertragsteil zu erbringende Lieferung oder sonstige Leistung.[92] Gemäß § 266 Abs. 2 A. I. Nr. 4 HGB sind die geleisteten Anzahlungen auf immaterielle Vermögensgegenstände im Anlagevermögen

92 Schubert/F. Huber in Beck`scher Bilanzkommentar 12. Aufl. aus 2020, zu § 247 Rz. 545.

des Unternehmens zu bilanzieren. Eine Trennung der geleisteten Anzahlungen auf die einzelnen Posten der immateriellen Vermögensgegenständen ist nicht erforderlich.

Über den Grundsatz der Maßgeblichkeit gem. § 5 Abs. 1 Satz 1 HGB erfolgt auch in der Steuerbilanz der Ansatz einer geleisteten Anzahlung.

2.1.4.2 Bewertung im Handelsrecht und Steuerrecht

Die Zugangsbewertung von geleisteten Anzahlungen auf immaterielle Vermögensgegenstände erfolgt mit den Anschaffungskosten gem. § 255 Abs. 1 HGB, also zumeist mit dem Geldbetrag, der der geleisteten Anzahlung entspricht (Nominalbetrag). Eine Abschreibung auf geleistet Anzahlungen kommt nicht in Betracht. Erfolgt die endgültige Lieferung oder sonstige Leistung ist die geleistete Anzahlung auf den vollständig gelieferten Gegenstand des Anlagevermögens umzubuchen, sodass keine geleisteten Anzahlungen mehr zum Bilanzstichtag ausgewiesen werden. Mit der Umgliederung von geleisteten Anzahlungen zu dem Vermögensgegenstand bzw. Wirtschaftsgut hin und dem Übergang von Nutzen und Lasten auf den Erwerber kann die planmäßige und außerplanmäßige Abschreibung beginnen.

2.1.4.3 SONDERFALL

Werden geleistete Anzahlungen auf zukünftige immaterielle Vermögensgegenstände in Fremdwährung bezahlt, sind diese mit dem Devisenkassamittelkurs am Bilanzstichtag umzurechnen. Beträgt die Restlaufzeit der Anzahlung zum Bilanzstichtag weniger als 12 Monate finden § 253 Abs. 1 Satz 1 und § 252 Abs. 1 Nr. 4 2. Halbsatz HGB (Anschaffungskostenprinzip und Realisationsprinzip) keine Anwendung.

2.2 Sachanlagen

Im Gegensatz zu den immateriellen Vermögensgegenständen zeichnet das Sachanlagevermögen aus, dass es sich in der Regel um körperlich greifbare Vermögensgegenstände handelt. Eine Ausnahme hiervon bilden die grundstücksgleichen Rechte, die für das Bilanzrecht der Behandlung von Grundstücken gleichgestellt sind. Damit sind solche Rechte bilanzrechtlich auch dem Sachanlagevermögen untergliedert. Hierbei können Vermögensgegenstände des Sachanlagevermögens regelmäßig sowohl abnutzbar als auch nicht abnutzbar sein.

Sind die Vermögensgegenstände nunmehr dazu bestimmt dem Unternehmen dauerhaft zu dienen, sind sie zwingend als Sachanlagevermögen in der Bilanz des Unternehmers auszuweisen (Vollständigkeitsgebot, § 246 Abs. 1 S. 1 HGB). Das Handelsrecht unterscheidet hierbei in der Gliederung der Bilanz nach § 266 Abs. 2 A. II. HGB die folgenden Bereiche des Sachanlagevermögens:

1. Grundstücke, grundstücksgleiche Rechte und Bauten einschließlich der Bauten auf fremden Grundstücken
2. Technische Anlagen und Maschinen
3. Andere Anlagen, Betriebs- und Geschäftsausstattung
4. Geleistete Anzahlungen und Anlagen im Bau

2.2.1 Grundstücke, grundstücksgleiche Rechte und Bauten einschließlich der Bauten auf fremden Grundstücken

2.2.1.1 Bilanzierung im Handelsrecht und Steuerrecht

Auch bei den Sachanlagen und mithin bei den Grundstücken, grundstücksgleichen Rechten und Bauten einschließlich der Bauten auf fremden Grundstücken ist der erste Prüfungspunkt die Bilanzierungsnotwendigkeit des Vermögensgegenstandes dem Grunde nach. Im Rahmen der Zugangsbewertung hat der Unternehmer gemäß § 246 Abs. 1 Satz 1 HGB – soweit gesetzlich nichts anderes bestimmt ist – unter anderem sämtliche Vermögensgegenstände in seiner Bilanz auszuweisen, die ihm zuzurechnen sind. Zum Anlagevermögen gehören hierbei alle die Vermögensgegenstände, die dauerhaft dem Betrieb zu dienen bestimmt sind (§ 247 Abs. 2 HGB).

Handelsrechtlicher Bilanzierungsgrundsatz ist, dass für die Zuordnung der Sachanlagen regelmäßig nicht allein auf das zivilrechtliche Eigentum abzustellen ist. Vielmehr ist bei einem Auseinanderfallen von zivilrechtlichem und wirtschaftlichen Eigentum für die Zuordnung des Anlagengutes zur Bilanz maßgebend, wem das wirtschaftliche Eigentum zu zurechnen ist.[93] Daraus folgt: Fallen zivilrechtliches und wirtschaftliches Eigentum jedoch auseinander, entscheidet das wirtschaftliche Eigentum darüber, in welcher Bilanz die Aktivierung des Vermögensgegenstandes erfolgt. Ein abweichendes wirtschaftliche Eigentum liegt z. B. immer dann vor, wenn

- der zivilrechtliche Eigentümer während der gewöhnlichen Nutzungsdauer von der tatsächlichen Sachherrschaft über den Vermögensgegenstand ausgeschlossen ist (§ 39 Abs. 2 Nr. 1 S. 1 AO) und
- der wirtschaftliche Eigentümer Besitz, Nutzen und Lasten des Vermögensgegenstandes vereint.

93 § 247 Abs. 1 Satz 2 HGB.

Wirtschaftliches Eigentum kann darüber hinaus auch dann vorliegen, wenn der Zugriff für den zivilrechtlichen Eigentümer am Vermögensgegenstand nur für eine wesentliche Nutzungsdauer statt der gesamten eingeschränkt ist, aber eine Teilhabe am noch nicht verbrauchten Substanzwert des Vermögensgegenstandes eingeräumt ist oder eine etwaige Kaufoption rechtswirksam vereinbart wurde.

WICHTIG

Bei Grundstücken und Gebäuden besteht ein wirtschaftliches Eigentum mithin bereits dann, wenn im Kaufvertrag ein von der Grundbucheintragung (Zeitpunkt des Übergangs des zivilrechtlichen Eigentums) abweichendes Datum für den Übergang von Nutzen und Lasten vereinbart wurde.

Die Verpflichtung zum Ausweis der Vermögensgegenstände wird in § 247 Abs. 1 HGB weiter ergänzt. Dort heißt es, dass der Eigentümer eines Vermögensgegenstandes zum vollständigen und gesonderten Ausweis seines Anlagevermögens in der Bilanz sowie einer dort erfolgenden ausreichenden Aufgliederung verpflichtet ist. Betrachtet man die Bilanzgliederung des Handelsrechts (§ 266 HGB) ist dort ein Ausweisposten für die langfristig dem Betrieb dienenden »Grundstücke, grundstücksgleichen Rechte und Bauten einschließlich der Bauten auf fremden Grundstücken« im Bereich des Anlagevermögens vorgesehen, § 266 Abs. 2 A. II. 1. HGB.

Der handelsrechtliche Bilanzausweis erfordert für alle mittelgroßen und großen Kapitalgesellschaften die zwingende Anwendung der in § 266 Abs. 2 und 3 HGB vollständig vorgegebenen Gliederungsstruktur zur Bilanz (§ 266 Abs. 1 S. 1 HGB). Dort ist für den Posten »Grundstücke, grundstücksgleiche Rechte und Bauten einschließlich der Bauten auf fremden Grundstücken« keine weitere Unterteilung vorgeschrieben. Für Kleingesellschaften ist erleichternd die Aufstellung einer verkürzten Bilanz möglich, sodass diese bei Inanspruchnahme ihres Wahlrechts regelmäßig im Anlagevermögen nur nach Immateriellen Vermögensgegenständen, Sachanlagen und Finanzanlagen unterscheiden müssen (§ 266 Abs. 1 S. 3 HGB). Die in § 266 Abs. 1 S. 4 HGB für Kleinstgesellschaften weiter ausgeführte Erleichterung im Rahmen der Aufstellung der verkürzten Bilanz, erfordert für diese sogar lediglich die Unterscheidung nach Anlage- und Umlaufvermögen.

Bereits die für mittelgroße und große Kapitalgesellschaften vorgegebene Bilanzstruktur für den Posten »Grundstücke, grundstücksgleiche Rechte und Bauten einschließlich der Bauten auf fremden Grundstücken« unterliegt in der Literatur regelmäßig der Kritik. So wird die Zusammenfassung des Postens vielfach als zu eng angesehen. Eine differenziertere Darstellung gäbe sowohl für interne als auch externe Leser mehr Informationen her und ließe vor allem auch eine bessere Analysemöglichkeit zu.[94] Die Erleichterungs-

94 vgl. Bertram/Kessler/Müller (2022), Haufe HGB Bilanz Kommentar, zu § 266 HGB, Rz. 38.

möglichkeiten für Kleinst- und Kleingesellschaften, die für die Gesellschaft als solches im Hinblick auf den Kosten- und Zeitaufwand im Rahmen der Bilanzaufstellung sicherlich viele Vorteile birgt, schränkt die Analysemöglichkeiten für das Anlagevermögen als solches und auch das Sachanlagevermögen im Speziellen für den externen Bilanzleser noch mehr ein. Auch dies sollte im Hinblick auf die Wahlrechtsausübung für den verkürzten Bilanzausweis regelmäßig vom bilanzierenden Unternehmen mit bedacht werden.

Um dieser Einschränkung des Informationsgehaltes insbesondere für den externen Bilanzleser entgegenzuwirken, ist in der Praxis eine weitere Unterteilung des Bilanzpostens »Grundstücke, grundstücksgleiche Recht und Bauten einschließlich der Bauten auf fremden Grundstücken« nicht unüblich. § 265 Abs. 5 HGB ermöglicht Unternehmen hierfür die individuelle Anpassung des Jahresabschlusses, soweit die gesetzlich vorgeschriebene Form grundsätzlich eingehalten wird. Möglich sind dabei zwei Formen der Ergänzung. Zum einen erlaubt das Handelsrecht die weitergehende Untergliederung des Bilanzschemas, bei welcher im Wesentlichen die Bilanzposten in ihre Bestandteile aufgespalten und gegebenenfalls um Davon-Vermerke ergänzt werden. Weist die gesetzliche Bilanzstruktur Vermögensgegenstände gar nicht aus, kommt zum anderen die Hinzufügung neuer Positionen in Betracht. Dies ist z. B. möglich für Flugzeuge, Schiffe oder Bergmannsrechte.[95]

Beispiel zur Differenzierung des Bilanzposten[96]

II. Sachanlagen
- 1.1. Grundstücke
  - 1.1.1. Unbebaute Grundstücke
  - 1.1.2. Bebaute Grundstücke
    - 1.1.2.1. Grund und Boden
    - 1.1.2.2. Außenanlagen
- 1.2. Grundstücksgleiche Rechte davon Erbbaurechte
  davon Bergwerksberechtigung
- 1.3. Bauten
  - 1.3.1. Bauten auf eigenen Grundstücken
    Davon Geschäfts-, Fabrik- und andere Bauten
  - 1.3.2. Bauten auf fremden Grundstücken
    Davon Geschäfts-, Fabrik- und andere Bauten

Die Bilanzposition »Grundstücke, grundstücksgleiche Rechte und Bauten einschließlich der Rechte auf fremden Grundstücken« lässt sich in erster Linie in die nachfolgenden Vermögensgegenstände aufteilen:

95 vgl. Störk/Büssow (2020), Beck'scher Bilanzkommentar, 12. Auflage, zu § 265 HGB, Rz. 14 ff..
96 vgl. Bertram/Kessler/Müller (2022), Haufe HGB Bilanz Kommentar, zu § 266 HGB, Rz. 38.

2.2.1.1.1 Grundstücke

Während zivilrechtlich der Grund und Boden mit den darauf stehenden Gebäuden zumeist eine Einheit bildet, favorisiert das Bilanzrecht die getrennte Betrachtung. Bilanzrechtlich liegen vielmehr getrennte, unabhängig voneinander zu betrachtende Vermögensgegenstände vor. Der Posten Grundstücke in der Bilanz umfasst hierbei demzufolge lediglich den bebauten oder aber unbebauten Grund und Boden im Eigentum des Kaufmanns und nicht das Gebäude als solches. **Bebaut** ist ein Grundstück immer dann, wenn sich auf ihm ein dem Betrieb dienendes Gebäude befindet. Als unbebaut hingegen wird der Grund und Boden so lange angesehen, wie sich auf ihm kein Gebäude oder Gebäudeteil des Betriebs befindet, mithin Grundstücke ohne bebautem Grundstücksteil. Zu den **unbebauten Grundstücken** gehören demnach u. a. Äcker, Grasflächen, baureife Grundstücke, Wasserflächen (wie Seen oder Teiche), aber auch Grundstücke, auf denen sich zwar ein Gebäude befindet, dieses jedoch nur nach einem dinglichen oder obligatorischen Recht (z. B. Erbbaurecht) erbaut wurde.[97]

Auch Gartenanlagen oder Außenanlagen (z. B. befestigte Hofanlage), die körperlich zwar mit dem Grundstück verbunden sind und mithin einen rechtlichen Bestandteil desselben bilden, sind aus bilanzrechtlicher Sicht regelmäßig nicht dem Grund und Boden zu zuordnen. Vielmehr stellen sie einen selbstständig nutzbaren Vermögensgegenstand dar, der gesondert im Bereich der Grundstücke zu bilanzieren ist.

Beispiele für Außenanlagen:

- Umzäunung von Betriebsgrundstücken
- Hof- und Platzbefestigungen
- Einfriedungen
- Tore
- Stützmauern
- Beleuchtungsanlagen auf Straßen
- Straßenzufahrten
- Befestigungen vor Garagen
- Einfriedungen
- Uferbefestigungen

HINWEIS

Auch in der Steuerbilanz gilt es Grund und Boden und aufstehendes Gebäude als zwei getrennte Vermögensgegenstände darzustellen. Gleichwohl erfordert die Einlage in das Betriebsvermögen eine gleichlautende Beurteilung des Kaufmanns. So kann nicht ausschließlich das Gebäude Bestandteil des Betriebsvermögens des Unternehmers sein und der

97 vgl. Petersen (2021), Beck'sches Steuerberater-Handbuch, 18. Auflage, zu B. Die Posten des Jahresabschlusses, Rz. 247.

dazugehörige Grund und Boden verbleibt im Privatvermögen. Dieser Ansatz mag vielleicht aus wirtschaftlichen Gründen für das Unternehmen interessant sein, insbesondere im Hinblick auf die in den vergangenen Jahren stark angestiegenen Bodenrichtwerte und damit verbunden der Bindung von stillen Reserven im Unternehmen. Es entbehrt aber der gleichförmigen Behandlung derlei Wirtschaftsgüter, die tatsächlich in einem engen wirtschaftlichen Nutzungs- und Funktionszusammenhang stehen.

Das heißt: Sind Grund und Boden sowie Gebäuden dem gleichen Eigentümer zu zuordnen, bilden sie aus steuerlicher Sicht für die Frage der Zuordnung zum Betriebs- oder Privatvermögen eine Einheit. Hierbei ist in der Regel die Beurteilung des Gebäudes ausschlaggebend.[98] Diesem Ansatz folgt im Übrigen auch das Handelsrecht.

Das Grundstück gilt dem Grunde nach regelmäßig als nicht abnutzbares Wirtschaftsgut.

2.2.1.1.2 Grundstücksgleiche Rechte

An einem Grundstück oder einem aufstehenden Gebäude eingeräumte Rechte, wie z. B. das Erbbaurecht oder Dauerwohnrecht, sind zwar dem Grunde nach keine körperlichen Vermögensgegenstände, werden aber im Handelsrecht dem Grundvermögen entsprechend behandelt. Die zeitlich befristeten und in der Regel dinglich abgesicherten Rechte folgen mithin nicht ihrer zivilrechtlichen Zuordnung als immaterielles Wirtschaftsgut, sondern sind aufgrund ihrer engen Bindung an die Nutzungsüberlassung eines Grundstücks als grundstücksgleiches Recht unter den Sachanlagen auszuweisen.

So erwirbt der Erbbauberechtigte mit dem Erbbaurecht schon aufgrund der zeitlichen Nutzungsbeschränkung nicht das Eigentum am Grund und Boden, vielmehr ermöglicht das zeitlich befristete und dinglich abgesicherte Erbbaurecht dem Berechtigten die Bebauung des in fremdem Eigentum befindlichen Grundstücks und die zeitlich befristete vollständige Nutzung von Grund und Boden und Gebäude. Gleichwohl wird der Erbbauberechtigte Eigentümer des von ihm erbauten oder erworbenen Gebäudes auf einem Erbpachtgrundstück.

Aber auch durch das staatlich verliehene Recht auf einer begrenzten Fläche (Grundstück) Bodenschätze abzubauen und sich diese anzueignen, sogenannte Bergwerksberechtigung, erlangt der Bergwerksberechtigte kein Eigentum am Grundstück als solches. Allerdings wird auch dieses Recht bilanziell als unbewegliches Sachanlagevermögen betrachtet.

98 Frotscher/Geurts (2019), Einkommensteuer Kommentar, zu § 4, Rz. 92.

Grundstücksgleiche Rechte sind – aufgrund ihrer zeitlichen Befristung – in der Regel abnutzbare Vermögensgegenstände und als solche zu bilanzieren.

2.2.1.1.3 Bauten sowie Bauten auf fremden Grundstücken

Zu den **Bauten** gehören alle auf eigenem oder fremdem Grund und Boden errichteten Gebäude und nicht selbstständigen Gebäudeteile unabhängig von Ihrer Nutzungsart, soweit betrieblich bedingt. Hierbei ist zu beachten, dass erst durch

- eine feste und auf Dauer angelegte Verbindung mit dem Grund und Boden und
- dem Vorliegen einer vollständigen räumlichen Umschließung, welche
- die Möglichkeit zum Aufenthalt von Menschen und/oder Tieren bietet,
- um diese vor äußeren Einflüssen zu schützen,

ein Bauwerk als Gebäude anzusehen ist.[99]

Beispiel

Nach der Rechtsprechung des BFH ist demnach auch ein lediglich auf losen Kanthölzern aufgestellter Container ein Gebäude sein. Voraussetzung ist, dass der Nutzungs- und Funktionszusammenhang auf eine dauerhafte Nutzung am Aufstellungsort (mithin ortsfest) ausgerichtet ist, BFH v. 23.9.1988, III R 67/85, BStBl II 1989).

Einem auf wechselnden Baustellen aufgestellten Baucontainer mangelt es laut BFH hingegen regelmäßig an der festen Ortsbindung. Dieser stellt damit kein Gebäude dar, BFH 18.6.1986, II R 222/83, BStBl II 1986.

Auch das Wohneigentum und das Teileigentum sind bilanzrechtlich den Gebäuden zu zuordnen. Für die Kategorisierung ist hierbei nicht von Belang, dass mit dem Wohn- bzw. Teileigentum lediglich ein Sondernutzungsrecht an den Gebäudeflächen eingeräumt ist und nach § 1 WEG nur ein beschränktes Miteigentum an Grund und Boden und Gebäuden gewährt wird.[100]

Werden Bauten nicht auf eigenem Grund und Boden sondern vielmehr auf solchem Grund und Boden errichtet, der lediglich aufgrund eines obligatorischen Rechtsgeschäfts, wie z. B. einem Pachtvertrag, überlassen wird, stellen sie **Bauten auf fremden Grundstücken** dar. Dies gilt unabhängig davon, dass das Gebäude als wesentlicher Bestandteil des Grund und Bodens rechtlich dem Eigentum desjenigen zu zurechnen ist, der auch das Eigentum an dem Grund und Boden innehat (§ 95 ff. BGB).

99 Vgl. auch (BFH 19.03.1987, BStBl II. 551; BFH vom 28.9.2000, BStBl. II 2001, 137 mwN; gleichlautender Ländererlass vom 05.06.2013, BStBl. I 2013, 734; Bertram/Kessler/Müller (2022), Haufe HGB Bilanz Kommentar, zu § 266 HGB, Rz. 41.

100 Schubert/Huber, F. (2020), Beck'scher Bilanzkommentar, 11. Auflage, zu § 247 HGB, Rz. 459.

Wie bereits im Bereich der Grundstücke erläutert, gelten Grund und Boden sowie Gebäude auch bei notwendigerweise getrennter Aktivierung als steuerlich verbunden, wobei die Nutzungsbestimmung des Gebäudes vorrangig für die Zuordnung zum Unternehmensbereich ist. Das Steuerrecht gibt hier vor, dass Grundstücke – wie auch das übrige Sachanlagevermögen – einheitlich dem Betriebs- bzw. Privatvermögen zu zuordnen sind. So regelt R 4.2 EStR:

> R 4.2 Betriebsvermögen
> Allgemeines
> (1) [1]Wirtschaftsgüter, die ausschließlich und unmittelbar für eigenbetriebliche Zwecke des Stpfl. genutzt werden oder dazu bestimmt sind, sind notwendiges Betriebsvermögen. [2]Eigenbetrieblich genutzte Wirtschaftsgüter sind auch dann notwendiges Betriebsvermögen, wenn sie nicht in der Buchführung und in den Bilanzen ausgewiesen sind. [3]Wirtschaftsgüter, die in einem gewissen objektiven Zusammenhang mit dem Betrieb stehen und ihn zu fördern bestimmt und geeignet sind, können – bei Gewinnermittlung durch Betriebsvermögensvergleich (>R 4.1) oder durch Einnahmenüberschussrechnung *(>R 4.5)* – als gewillkürtes Betriebsvermögen behandelt werden. [4] … [5]Werden sie zu mehr als 90 % privat genutzt, gehören sie in vollem Umfang zum notwendigen Privatvermögen. *6*Bei einer betrieblichen Nutzung von mindestens 10 % bis zu 50 % ist eine Zuordnung dieser Wirtschaftsgüter zum gewillkürten Betriebsvermögen in vollem Umfang möglich. …
>
> R 4.2 Abs. 1 EStR

Dieser Zuordnungsansatz ist gemäß einschlägiger Literatur auch für die handelsrechtliche Beurteilung anwendbar. Bei den Gebäuden ist damit nicht nur auf das Gebäude als solches, sondern – sofern vorliegend – vielmehr auf die einzelnen selbstständig nutzbaren Gebäudeteile abzustellen. Befindet sich also im Bestand des Unternehmens z. B. ein Gebäude mit 3 unterschiedlich genutzten Etagen, ist für jede Etage selbst die Zuordnung zum privaten oder betrieblichen Bereich und damit der Aktivierungspflicht zu prüfen. Der für das Gebäude getroffenen Zuordnung folgt regelmäßig die für den Grund und Boden. Bei verschiedener Zuordnung einzelner Gebäudeteile ist der Grund und Boden diesen gegebenenfalls im Verhältnis zu zuordnen.

WICHTIG

Bei Anschaffung ist für ein bebautes Grundstück also regelmäßig die Zuordnung des Gebäudes notwendig und – soweit sich unterschiedliche Gebäudeteile hier ergeben (z. B. notwendiges Betriebsvermögen und notwendiges Privatvermögen) zwingend eine Aufteilung der Anschaffungskosten auf diese Gebäudeteile vorzunehmen. Grundsätzlich erfolgt diese nach dem Verhältnis der Nutzflächen, soweit diese angemessen ist.[101]

101 Vgl. R 4.2 Abs. 6 S. 2 EStR.

Hiernach ergeben sich also für das Gebäude und diesem folgend für den Grund und Boden folgende Zuordnungsmöglichkeiten:

Notwendiges Betriebsvermögen	**bei eigenbetrieblicher Nutzung**
Gewillkürtes Betriebsvermögen	• bei fremdbetrieblicher Nutzung oder • Nutzung zu fremden Wohnzwecken und • gewählter Zuordnung zum Betriebsvermögen
Notwendiges Privatvermögen	bei Nutzung zu eigenen Wohnzwecken

WICHTIG

Dem Steuerrecht folgend sind eigenbetrieblich genutzte Gebäudeteile nebst ihnen zugeordnetem Grund und Boden dem Betriebsvermögen zu zuordnen und entsprechend zu bilanzieren.

Insbesondere für geringfügige Flächen (z. B. Arbeitszimmer des Kaufmanns im eigenen Wohnhaus) wurde aber mit § 8 EStDV eine Erleichterung für Unternehmer geschaffen. Hiernach darf (= Wahlrecht) auf den Ausweis von grundsätzlich zum notwendigen Betriebsvermögen gehörenden Grundstücksteilen immer dann verzichtet werden, wenn

- der Wert der Grundstücksteile < 1/5 des Gesamtwertes des Grundstücks (relative Wertgrenze) beträgt und
- insgesamt 20.500 EUR (absolute Wertgrenze) nicht übersteigt.

Zu beachten gilt hierbei jedoch, dass die vorgenannten Wertgrenzen nicht nur im Rahmen der Zugangs- sondern auch in der Folgebewertung regelmäßig zu prüfen sind. Ein etwaiges Überschreiten der Wertgrenzen in den Folgejahren führt zu einer notwendigen Einlage des Grundstücksteils in das Betriebsvermögen.

Regelmäßig wird zwischen *Wohngebäuden*, *Geschäftsgebäuden* (einschließlich Fabrikgebäuden) und anderen Gebäuden unterschieden. Hierbei umfasst der Bereich der *anderen Bauten* aber weniger ein Gebäude als solches, als vielmehr verschiedene Einrichtungen mit selbstständiger Nutzbarkeit, z. B. Straßen und Parkplätze.

Zum Beispiel sind:

Wohngebäude	Geschäfts- und Fabrikgebäude	Andere Gebäude
Einfamilienhaus	Verwaltungs-/Bürogebäude	Straßen
Mehrfamilienhaus	Krankenhäuser	Parkplätze

Wohngebäude	Geschäfts- und Fabrikgebäude	Andere Gebäude
Wohnheime	Lagerhallen	Kanalanlagen
Werkswohnungen	Fabrikhallen	Häfen

Innerhalb der Bauten sind auch alle die Gebäudeteile zu erfassen und bilanziell auszuweisen, die nicht einer selbstständigen Nutzungsfähigkeit unterliegen. Ihnen ist vielmehr gemein, dass sie der dem Gebäude üblichen Nutzung dienen und diese ermöglichen. Hierzu gehören z. B. Rolltreppen, Personenaufzüge, Heizungseinlagen und Fenster.

Hingegen gehören die Gebäudeteile, Maschinen, Anlagen und Betriebsvorrichtungen *nicht* zu den Gebäuden, die zwar mit dem Gebäude selbst fest verbunden sind und damit zivilrechtlicher Bestandteil desselben werden, aber deren Nutzung vorrangig durch den allgemeinen Geschäftsbetrieb des Unternehmens bestimmt ist. Hierzu gehören z. B. Lastenaufzüge, Küchenaufzüge und Maschinenfundamente, die den Betriebsvorrichtungen zu zuordnen sind.[102] Nehmen Mieter Ein- und Umbauten an einem ihnen nicht zu zurechnenden Gebäude und Grundstücken vor, unterliegen diese beim Mieter der handelsrechtlichen Aktivierungspflicht, soweit dem Mieter das wirtschaftliche Eigentum an den Ein- und Umbauten obliegt. Soweit die Ein- und Umbauten eine Nutzung des Gebäudes ermöglichen oder verbessern sollen, sind sie im Bereich der Gebäude bzw. Grundstücke zu aktivieren. Andernfalls sind die Bauten den sonstigen Anlagen zu zuordnen. Die hier vom Steuerrecht vorgegebene Definition der Gebäudeteile, die selbstständige Wirtschaftsgüter sind und demnach nicht zu den Bauten und Bauten auf fremden Grundstücken gehören, findet hierbei auch Anwendung für das Handelsrecht. Demnach gilt:

> (3)[1]Gebäudeteile, die nicht in einem einheitlichen Nutzungs- und Funktionszusammenhang mit dem Gebäude stehen, sind selbstständige Wirtschaftsgüter. [2]Ein Gebäudeteil ist selbstständig, wenn er besonderen Zwecken dient, mithin in einem von der eigentlichen Gebäudenutzung verschiedenen Nutzungs- und Funktionszusammenhang steht. [3]Selbstständige Gebäudeteile in diesem Sinne sind:
> 1. Betriebsvorrichtungen (>R 7.1 Abs. 3);
> 2. Scheinbestandteile (>R 7.1 Abs. 4);
> 3. Ladeneinbauten, >Schaufensteranlagen, Gaststätteneinbauten, Schalterhallen von Kreditinstituten sowie ähnliche Einbauten, die einem schnellen Wandel des modischen Geschmacks unterliegen; als Herstellungskosten dieser Einbauten kommen nur Aufwendungen für die Gebäudeteile in Betracht, die statisch für das gesamte Gebäude unwesentlich sind, z. B. Aufwendungen für Trennwände, Fassaden, Passagen sowie für die Beseitigung und Neuerrichtung von nichttragenden Wänden und Decken;

102 Schubert/Huber, F. (2020), Beck'scher Bilanzkommentar, 12. Auflage, zu § 247 Rz. 461.

4. Sonstige >Mietereinbauten;
5. Sonstige selbstständige Gebäudeteile (> Absatz 4).

[4]Dachintegrierte Fotovoltaikanlagen (z. B. in Form von Solardachsteinen) sind wie selbstständige bewegliche Wirtschaftsgüter zu behandeln.

R 4.2 Abs. 3 EStR

Die selbstständigen Gebäudeteile sind vielmehr als Sachanlagen in den Posten »technische Anlagen und Maschinen« oder aber »Andere Anlagen, Betriebs- und Geschäftsausstattung« zu bilanzieren.

Zusammenfassend sind also:

Gebäudeteile	
Unselbstständig	**Selbstständig**
wenn Sie in einem wesentlichen Nutzungs- und Funktionszusammenhang mit dem Gebäude stehen.	wenn sie trotz ihrer Verbindung mit dem Gebäude in einem wesentlichen Nutzungs- und Funktionszusammenhang mit dem Betrieb stehen.
Dies sind z. B. • Rolltreppen • Personenaufzüge • Fenster • Heizungsanlage • Sanitäranlage • Klimaanlage	Dies sind z. B. • Küchenaufzug im Hotel • Lastenaufzug • Ladeneinbauten • Schaufensteranlagen • Maschinenfundamente • Hebebühnen

HINWEIS

Für Personengesellschaften gehören gemäß Steuerrecht zu ihrem Betriebsvermögen regelmäßig sowohl die Wirtschaftsgüter im Gesamthandsvermögen der Personengesellschaft als auch die Wirtschaftsgüter, die dem Sonderbetriebsvermögen eines oder mehrerer Gesellschafter selbst zu zuordnen sind (R 4.2 Abs. 2 EStR). Hierbei gilt zu beachten, dass

- Wirtschaftsgüter des Sonderbetriebsvermögens I (dem Betrieb unmittelbar zu dienen bestimmt oder zur Begründung und Stärkung der Beteiligung des Mitunternehmers gedacht) dem notwendigen Betriebsvermögen zu zuordnen sind und
- Wirtschaftsgüter des Sonderbetriebsvermögens II (objektiv geeignet und subjektiv bestimmt dem Betrieb zu dienen oder die Gesellschafterbeteiligung zu fördern) dem gewillkürten Betriebsvermögen zu zuordnen sind.

Der Zeitpunkt der Bilanzierung von Sachanlagen ist regelmäßig der Tag, an welchem der Vermögensgegenstand fertiggestellt ist und sich in einem betriebsbereiten Zustand befindet. Mithin fällt der Bilanzierungszeitpunkt für den Posten Grundstücke… auf den Übergang des zivilrechtlichen bzw. wirtschaftlichen Eigentums. Bei den Bauten, die durch das Unternehmen erworben oder selbst hergestellt werden, ist darüber hinaus zu berücksichtigen, dass die Aktivierung und planmäßige Abschreibung frühestens mit der Fertigstellung des Gebäudes erfolgt. Ein Gebäude ist regelmäßig erst dann fertiggestellt, wenn es bestimmungsgemäß nutzbar ist (d. h. bewohnbar bzw. betrieblich nutzbar). Daraus folgt, dass der Aktivierungszeitpunkt des Grund und Bodens nicht zwingend dem des aufstehenden Gebäudes entspricht.

Grundsätzlich gilt für Gewerbetreibende, die aufgrund gesetzlicher Vorschriften verpflichtet sind, Bücher zu führen und regelmäßig Abschlüsse zu machen oder die ohne diese Verpflichtung freiwillig Bücher führen und Abschlüsse erstellen, dass sie für den Schluss des Wirtschaftsjahres das Betriebsvermögen anzusetzen haben, dass nach den handelsrechtlichen Grundsätzen ordnungsgemäßer Buchführung (sog. GoB) auszuweisen ist, es sei denn, es wurde – im Rahmen eines steuerlichen Wahlrechts – ein von der Handelsbilanz abweichender Ansatz gewählt. Dies besagt der Grundsatz der Maßgeblichkeit der Handelsbilanz für die Steuerbilanz gem. § 5 Abs. 1 EStG. Die handelsbilanziellen Bilanzierungsgrundsätze (Ansatz- und Bewertungsgrundsätze) werden in die Steuerbilanz übernommen, es sei denn das Steuerrecht regelt eigene gesetzlich festgelegte Ausnahmetatbestände. Um die steuerlichen Wahlrechte ausüben zu können, müssen die Wirtschaftsgüter, die nicht mit dem handelsrechtlich maßgebenden Wert in Ansatz gebracht werden, in ein gesondertes laufend zu führendes Verzeichnis aufgenommen werden. Bzgl. des laufend zu führenden Verzeichnisses wird auf die Ausführungen unter Kapitel 2.1.1 verwiesen, diese sind analog anzuwenden.

Hinsichtlich der Grundstücke, grundstücksgleichen Rechten und Bauten einschließlich der Bauten auf fremden Grundstücken folgt das Steuerrecht grundsätzlich dem Bilanzierungsgebot des Handelsrechts über das Maßgeblichkeitsprinzip des § 5 Abs. 1 EStG.

2.2.1.2 Bewertung im Handelsrecht und Steuerrecht

Auch beim Sachanlagevermögen folgt die Bewertung den allgemeinen Regeln der §§ 253 bis 255 HGB. Hiernach erfolgt die Zugangsbewertung der Vermögensgegenstände regelmäßig mit ihren Anschaffungskosten oder Herstellungskosten. Wobei die Vermögensgegenstände in der Folge zum jeweiligen Bilanzstichtag mit ihren Anschaffungs- oder Herstellungskosten vermindert um die bereits geltend gemachten Beträge zur planmäßigen oder außerplanmäßigen Abschreibung auszuweisen sind (§ 253 Abs. 1 S. 1, Abs. 3 HGB).

HINWEIS

Die um die planmäßigen und außerplanmäßigen Abschreibungen geminderten Anschaffungs- und Herstellungskosten bilden regelmäßig die Bewertungsobergrenze (§ 253 Abs. 1 S. 1 HGB).

Ein höherer Ansatz, zum Beispiel mit dem Verkehrswert, verstößt gegen das bilanzielle Verbot des Ausweises nicht realisierter Gewinne (§ 252 Abs. 1 Nr. 4 HGB).

2.2.1.2.1 Grundstücke

Grundstücke sind im Zeitpunkt ihrer Anschaffung zum Betriebsvermögen **mit** ihren **Anschaffungskosten** zu bewerten[103] (siehe hierzu auf Anschaffungskosten zu Kapitel 1.2.1). Zu den Anschaffungskosten gehören alle die Aufwendungen, die der Unternehmer aufwendet, um das Grundstück zu erhalten (§ 255 Abs. 1 HGB). Dies sind regelmäßig der Kaufpreis und notwendige Nebenkosten abzüglich etwaiger Anschaffungspreisminderungen (Skonti, Rabatte, Zuschüsse o. a.). Auch nachträgliche Anschaffungskosten sind den Anschaffungskosten zu zurechnen. Voraussetzung für die nachträglichen Anschaffungskosten ist regelmäßig, dass sie »nach der erstmaligen Versetzung Vermögensgegenstandes in einen betriebsbereiten Zustand anfallen, auf einem Erwerb von Dritten beruhen und den Vermögensgegenstand erweitern bzw. über seinen ursprünglichen Zustand hinaus wesentlich verbessern«[104].

Nicht zu den Anschaffungskosten oder Anschaffungsnebenkosten des Grund und Bodens hingegen gehören Aufwendungen des Unternehmens für Aufbauten, wie z. B. Pflasterungen, Zäune oder auch ausbeutbare Bodenschätze.

Über den Maßgeblichkeitsgrundsatz folgt das Steuerrecht dem Handelsrecht und erfordert eine Zugangsbewertung mit den Anschaffungs- und Herstellungskosten inklusive aller Nebenkosten, soweit diese einzeln zuordenbar sind (EStH H 6.2. »Anschaffungskosten« und »Nebenkosten«). Auch hier gehören Aufwendungen dazu, die getätigt werden, um das Grundstück erstmals in einen nutzbaren Zustand zu versetzen (z. B. erstmalige Erschließungsbeiträge, EStR H 6.4 »Erschließungs-, Straßenanlieger- und andere Beiträge« sowie »Ausgleichsbeiträge nach § 154 BauGB«).[105] Darüber hinaus gehören aber auch Erschließungskosten steuerrechtlich dann zu den Anschaffungs-/Herstellungskosten eines Grundstücks, wenn sie im Falle einer Zusatz- oder Zweiterschließung anfallen und zu einer Substanzveränderung des Grundstücks

103 § 253 Abs. 1 S. 1 HGB.

104 ADS, HGB § 255, Rn. 42.

105 vgl. Petersen (2021), Beck'sches Steuerberater-Handbuch 2021/2022, 18. Auflage, zu B. Die Posten des Jahresabschlusses, Rz. 276; HHR Richter EStG § 6 Rn. 511.

führen.[106] Des Weiteren sind gemäß der regelmäßigen Rechtsprechung auch Finanzierungsaufwendungen zu den Anschaffungskosten eines Grundstücks zu zählen, soweit sie im Zusammenhang mit den Beiträgen für eine erstmals anfallende Erschließungsmaßnahme entstehen.

Auch kann es steuerrechtlich in Abweichung vom Handelsrecht zu einer notwendigen Minderung der Anschaffungskosten kommen. So erfordert das Steuerrecht bei der Ermittlung der Anschaffungskosten neben der Prüfung von etwaigen Investitionszulagen oder -zuschüssen ergänzend die Prüfung und gegebenenfalls den Abzug von gebildeten Rücklagen. So können im Unternehmen die Voraussetzungen z. B. für

- bestehende Reinvestitionsrücklagen nach § 6b EStG oder
- von Rücklagen für Ersatzbeschaffungen nach EStR R 6.6

vorhanden sein, die von den Anschaffungskosten des Grundstücks in Abzug zu bringen sind.

HINWEIS

Wird ein Grundstück zum Zwecke der Ausbeutung von Bodenschätzen erworben, ist regelmäßig eine Wertaufteilung auf den Grund und Boden und den ausbeutbaren Bodenschatz vorzunehmen. Der auf den Bodenschatz entfallende Wertanteil unterliegt – abweichend vom Grund und Boden – regelmäßig der Abnutzung und ist daher planmäßig abzuschreiben.[107]

Anders als beim Erwerb von unbebauten Grundstücken ist bei dem **Erwerb bebauter Grundstücke** zwingend eine Einzelbewertung der Anlagegüter und damit eine Aufteilung der Anschaffungskosten auf Grund und Boden sowie Gebäude erforderlich.

Handelsrechtlich gibt es dafür keine vorgeschriebene Aufteilungsmethode. Allerdings muss die Aufteilung auch in diesem Fall regelmäßig den GoB entsprechen und gerechtfertigt sein. So fordert der IDW einer bereits im Kaufvertrag vorgenommenen Aufteilung eines Gesamtkaufpreises auf Grundstück und Gebäude immer dann zu folgen, wenn diese nicht willkürlich erscheint.[108]

Etwas anderes ist es jedoch, wenn sich eine solche Aufteilung aus dem Kaufvertrag noch nicht ergibt oder die im Kaufvertrag getroffene Aufteilung nach willkürlichen Gesichtspunkten erfolgte. Handelsrechtlich hat die Aufteilung des Gesamtkaufpreises in einem angemessenen Verhältnis zwischen Grund und Boden sowie Gebäude zu erfolgen. Die Aufteilungswerte sollen hierbei nachprüfbar sein, z. B. anhand der Verkehrswerte der

106 EStH 6.4 »Erschließungs-, Straßenanlieger- und andere Beiträge«, Unterpunkt »Erstmalige Beiträge, Ersetzung, Modernisierung«, S. 2; BFH vom 03.07.1997, BStBl. 1997, 811; BFH vom 03.08.2005, BStBl. II 2006, 369; BFH vom 20.07.2020, BStBl. II 2011, 35.

107 Schubert/Andrejewski (2020), Beck'scher Bilanzkommentar, 12. Auflage, Zu § 253 HGB, Rz. 402.

108 vgl. IDW RS IFA 2 Tz. 24 f..

Vermögensgegenstände. Ausgeschlossen ist hingegen die Aufteilung nach einem Restwertansatz (d. h. es erfolgt nur für einen Vermögensgegenstand eine Ermittlung der Anschaffungskosten, dem zweiten wird sodann der Restwert zugewiesen).[109]

HINWEIS

Für Kapitalgesellschaften und verschiedene Personengesellschaften erfordert § 284 Abs. 2 Nr. 1 HGB die Erläuterung der gewählten Aufteilungsmethode im Anhang des Jahresabschlusses (s. a. Kapitel 3 -Das Anlagevermögen im Anhang).

Steuerrechtlich ist bei der Anschaffung von bebauten Grundstücken ebenfalls eine Aufteilung des Kaufpreises zu den einzelnen Wirtschaftsgütern vorzunehmen. Auch hier kann einer im Kaufvertrag getroffenen Aufteilung der Anschaffungskosten auf Grundstück und Gebäude grundsätzlich gefolgt werden. Der BFH hat hierzu bereits mit Urteil vom 16.9.2015 (BeckRS 2015, 916149) festgestellt, dass die Aufteilung ernstlich gewollt sein (keine Absprache zum Schein) und den wirtschaftlichen Tatsachen entsprechen muss. Das Finanzgericht Hamburg hat im Jahr 2019[110] diese Ausführung insoweit ergänzt, als dass es für die Prüfung der vorliegenden Voraussetzungen ausschließlich auf objektiven Begebenheiten abstellt.

Ist ein adäquater und angemessener Aufteilungsmaßstab im Kaufvertrag nicht gegeben, stellt das Steuerrecht auf das Verhältnis der Teilwerte – bei Anschaffungen für das Privatvermögen auf die Verkehrswerte – ab. Hierbei soll auch die neue Immobilienwertermittlungsrichtlinie helfen und Anwendung finden. Für die Vereinheitlichung und marktgerechte Ermittlung der Wertansätze im Rahmen der Immobilienbewertung hat die Bundesregierung in den vergangenen Jahren den Entwurf einer solchen neuen Immobilienwertermittlungsrichtlinie diskutiert und mit Wirkung zum 1.1.2022 auch beschlossen (Immobilienwertermittlungsverordnung, ImmoWertV 2021, Verkündung im Bundesgesetzblatt am 19.7.2021) auch beschlossen. Die Novelle der Immobilienwertermittlungsverordnung soll die bisherigen Einzelrichtlinien (z. B. Immobilienwertverordnung, Wertermittlungsverordnung, Bodenrichtwertlinie, Sachwert-, Vergleichswert, Ertragswertrichtlinie) zusammenfassen und in der neuen Verordnung bündeln. Auch die dort gefassten Grundsätze der Bewertung sollen regelmäßig im Rahmen der Wertermittlung von Immobilien herangezogen werden.

Darüber hinaus haben die obersten Finanzbehörden von Bund und Ländern bereits in 2014 eine Arbeitshilfe für eine typisierte Kaufpreisaufteilung zur Verfügung gestellt (xls-Tabelle). Nach Ablehnung der Eignungsfähigkeit dieser Arbeitshilfe zur Wert-

109 vgl. Petersen (2021), Beck'sches Steuerberater-Handbuch 2021/2022, 18. Auflage, zu B. Die Posten des Jahresabschlusses, Rz. 256.
110 Vgl. Urteil des FG Hamburg vom 17.10.2019, 3 K 73/18.

ermittlung durch den BFH (Beschluss vom 21.1.2020, BeckRS 2020, 3782), erfolgte im Jahr 2021 (weitere Aktualisierung im August 2022) die vollständige Überarbeitung der Arbeitshilfe. Diese Arbeitshilfe – nebst Anleitung für die Berechnung der Kaufpreisaufteilung – bildet für die Finanzverwaltung regelmäßig die Grundlage für die Kaufpreisaufteilung von bebauten Grundstücken und dient dort auch der etwaigen Prüfung der Verhältnismäßigkeit von bereits im Kaufvertrag vorgenommenen Wertaufteilungen für die Anlagengüter. Auch wenn die Aufteilung sicher nicht in jedem Fall die individuellen Werte von Grundstück und Gebäuden vollumfänglich zu spiegeln vermag, empfiehlt sich nichts destotrotz für Steuerpflichtige und deren Berater der Abgleich der ermittelten Werte mithilfe der Arbeitshilfe der Finanzverwaltung, ggf. auch im Vorfeld eines Erwerbs, um die Richtung der Werte für Grund und Boden und Gebäude im Rahmen einer Aufteilung abschätzen zu können. Denn dieser Abgleich ermöglicht es Werte zu validieren oder aber Abweichungen in den Wertermittlungen aufzuzeigen, zu hinterfragen und zu plausibilisieren. Obwohl die Kaufpreisaufteilung der Finanzverwaltung richtungsweisend sein kann, stellt sie keine den Unternehmer bindende Aufteilung des Kaufpreises dar.

Handels- und auch Steuerrecht erfordern für die Zugangs- und auch Folgebewertung eine stichtagsbezogene Bewertung, bei welcher alle bis zum jeweiligen Abschlussstichtag vorliegenden wertbeeinflussenden Tatsachen zu berücksichtigen sind.[111] Als nicht abnutzbares Wirtschaftsgut unterliegt der Grund und Boden regelmäßig keiner Abnutzung, sodass auch in der **Folgebewertung** zumeist der Ansatz mit den Anschaffungskosten zum Tragen kommt. Abweichend hiervon kann es aber gleichwohl in Folge technischer und/oder wirtschaftlicher Einflüsse zu einer Wertminderung des Grund und Boden kommen. Zu den technischen und wirtschaftlichen Einflüssen gehören z. B.:

- auf dem Grundstück befindliche Altlasten
- Verschlammung des Bodens
- Teilverlust des Grund und Bodens z. B. infolge von Erdrutsch oder Hochwasser
- Lärmbelästigung durch Neueröffnung eines Flughafens in der Nähe
- Luftverunreinigungen
- Einschränkung der Bebaubarkeit
- Zugangsbeschränkung zum Grundstück oder darauf befindlichen Gebäuden
- Baubeschränkungen öffentlich-rechtlicher oder privatrechtlicher Art
- Aufforstung von Ackerflächen
- Umwidmung für Naturschutzzwecke
- nach erfolgter Substanzausbeute

111 § 253 Abs. 3 S. 5 HGB.

TIPP

Sanierungsaufwendungen bei Altlastenbereinigung des Grundstücks sind in der Regel als nachträgliche Anschaffungskosten des Grundstücks zu behandeln, wenn bereits bei Anschaffung des Grund und Boden die Kontaminierung bekannt war und sich auch auf die Preisbildung ausgewirkt hat.[112]

Handelsrechtlich verpflichtet lediglich eine dauernde Wertminderung zur Ausübung einer außerplanmäßigen Abschreibung und Beilegung auf den niedrigeren Wert.[113] Liegt hingegen lediglich eine vorübergehende Wertminderung vor, ist der Bilanzansatz für Grund und Boden (verpflichtend) weiterhin mit den Anschaffungskosten auszuüben. Von einer solchen vorübergehenden Wertminderung ist auszugehen, wenn objektive Kenntnisse dafür Anhalt geben, dass mindestens innerhalb der kommenden 3 bis 5 Jahre eine Wertaufholung eintreten wird. Der beizulegende Wert kann hierbei aus Käufer- oder Verkäufersicht ermittelt werden. Das Handelsrecht fordert aber auch das Wertaufholungsgebot (§ 253 Abs. 5 HGB), wenn die Gründe für den niedrigeren Wertansatz entfallen sind.

HINWEIS

Eine regelmäßige Abschreibung erfolgt hingegen für solche Grundstücke, die der betrieblichen Ausbeutung unterliegen. Für diese kommt eine Abschreibung über die Minderung ihres Substanzwertes in Betracht.

Auch im **Steuerrecht** erfolgt die Zugangsbewertung nach § 6 Abs. 1 Nr. 2 S. 1 EStG mit den Anschaffungskosten des Grund und Boden. Im Rahmen der Folgebewertung kann auch hier bei einer voraussichtlich dauernden Wertminderung eine Teilwertabschreibung vorgenommen werden.[114] Gem. BMF vom 2.9.2016, BStBl I, S. 995, Anm. 11) ist für das Vorliegen einer dauerhaften Wertminderung Voraussetzung, dass nach vernünftiger kaufmännischer Prüfung mehr Gründe für als gegen ein dauerndes Sinken des Wertes des Vermögensgegenstandes sprechen. Als von Dauer zu betrachten sind nach Auffassung der Finanzverwaltung aber all die Wertminderungen, die auf einem besonderen Anlass (z. B. einer Naturkatastrophe) beruhen[115] Als Teilwert ist steuerlich immer der Wert anzusetzen, den ein außenstehender Dritter im Rahmen des Erwerbs des Geschäftsbetriebs im Ganzen für das einzelne Wirtschaftsgut entrichten würde. Wird von diesem steuerrechtlichen Wahlrecht Gebrauch gemacht ist regelmäßig zu berücksichtigen, dass die von der Handelsbilanz abweichenden Ansätze in der Steuerbilanz in einem gesondert zu führenden Verzeichnis darzulegen sind. Darüber hinaus

112 Vgl. Müller/Peters (2022), Haufe Finance Office Premium Online, HI1095254, zu 2.2, Rz. 33.
113 § 253 Abs. 3 S. 5 HGB.
114 § 6 Abs. 1 Nr. 2 S. 2 EStG.
115 BMF vom 2.9.2016, BStBl I, S. 995, Anm. 6; ebenso Schubert/Andrejweski (2020), Beck'scher Bilanzkommentar, 12. Auflage, zu § 253 HGB, Rz. 322.

erfordert § 6 Abs. 1 Nr. 2 Satz 3 i. V. m. Nr. 1 S. 4 EStG neben der Dokumentation der zum jeweiligen Bilanzstichtag durchgeführten Prüfung der andauernden Wertminderung auch den Nachweis dieser.

Auch steuerlich ist die Erfassung einer Wertaufholung zwingend vorzunehmen (§ 6 Abs. 1 Nr. 2 S. 3 EStG).

HINWEIS

Die Oberfinanzdirektion Münster schließt auch den Ansatz von Zwischenwerten im Rahmen der Teilwertermittlung nicht aus (vgl. OFD Münster, FR 1991, 183; Petersen (2021), Beck'sches Steuerberater-Handbuch 2021/2022, 18. Auflage, zu B. Die Posten des Jahresabschlusses, Rz. 274).

2.2.1.2.2 Grundstücksgleiche Rechte

Die handelsrechtliche und auch steuerrechtliche Zugangsbewertung der grundstücksgleichen Rechte, wie z. B. dem Wohnungseigentum, Dauerwohnrecht, erfolgt entsprechend der für Grundstücke und Gebäude. Das heißt die Bewertung erfolgt i. d. R. mit ihren Anschaffungskosten zum Zeitpunkt des Zugangs zum Betrieb (§ 252 Abs. 1 Nr. 3 HGB). In der Folge ist das Recht planmäßig abzuschreiben.

Lediglich für das Erbbaurecht gelten hierbei Besonderheiten. So wird das Erbbaurecht als solches als Nutzungsrecht angesehen, was dazu führt, dass für den Erbbauberechtigten regelmäßig die zu zahlenden Erbbauzinsen nicht zu den Anschaffungskosten des Vermögensgegenstandes gehören[116][117]. Vielmehr beschränken sich die Anschaffungskosten für den Erbbauberechtigten auf die Grunderwerbsteuer, die Maklerprovision, die Gerichtskosten und die Notarkosten.[118]

Erbbaurecht und andere grundstücksgleiche Rechte sind im Handelsrecht über den Verlauf ihrer voraussichtlichen Nutzungsdauer planmäßig abzuschreiben.

HINWEIS

Als Nutzungsentgelt des Grundstücks gehören Erbrauchzinsen nicht zu den Anschaffungskosten (Urteil des BFH vom 08.11.2017, I III R 2/16, DStR 2018, S. 609)

116 Vgl. hierzu BFH vom 08.11.2017, DStR 2018, 609.
117 Vgl. Frothscher/Geurts (2019), Einkommensteuerkommentar, zu $ 4, Rz. 113 (Online-Fassung).
118 Vgl. Urteil des BFH vom 04.06.1991, I X R 136/87, BStBl II 1992, S. 70.

2.2.1.2.3 Bauten

Auch die Bewertung der Gebäude als abnutzbarer Vermögensgegenstand erfolgt mit den Anschaffungskosten bzw. Herstellungskosten gem. §§ 253 Abs. 1 Satz 1, 255 Abs. 1 HGB im **Zeitpunkt** des Erwerbs bzw. der **Betriebsbereitschaft**. Unerheblich ist hierbei der Zeitpunkt des tatsächlichen Nutzungsbeginn[119]. Das Steuerrecht folgt diesem Ansatz in der Zugangsbewertung über die Maßgeblichkeit. Mit verschiedenen Schreiben der Finanzverwaltung und auch diversen Urteilen, wurden in der Vergangenheit bereits vielfache Definitions- und Abgrenzungsprobleme besprochen und für den Unternehmer und Steuerpflichtigen geregelt. So hat die Finanzverwaltung zum Beispiel auch für das Vorliegen der Betriebsbereitschaft bereits die folgenden Voraussetzungen definiert[120]:

- Vorliegen der objektiven Funktionstüchtigkeit, d. h. alle wesentlichen Teile sind objektiv nutzbar, und
- Vorliegen der subjektiven Funktionstüchtigkeit, d. h. das Gebäude ist für die konkrete Zweckbestimmung des Erwerbers nutzbar.

Tätigt der Erwerber/Erbauer Aufwendungen, um die objektive und/oder subjektive Nutzbarkeit eines Gebäudes zu erreichen, stellen diese also regelmäßig Anschaffungskosten dar. Diese von der Finanzverwaltung schriftlich niedergelegten Grundsätze werden vom Handelsrecht übernommen. Eine Betriebsbereitschaft eines Gebäudes ist damit sowohl handels- als auch steuerrechtlich stets dann gegeben, wenn das Gebäude die entsprechend seiner Zweckbestimmung notwendige Nutzbarkeit und Funktionstüchtigkeit aufweist.[121]

WICHTIG

Bei Gebäuden ist das Vorliegen der Betriebsbereitschaft sowohl für jeden nach seiner Zweckbestimmung selbstständigen Gebäudeteil als auch für jeden Gebäudeteil innerhalb eines Nutzungs- und Funktionszusammenhang gesondert zu prüfen.[122]

Das BMF hat mit Schreiben vom 18.7.2003 die Voraussetzungen für das Vorliegen der Betriebsbereitschaft umfassend dargestellt. Diese Grundsätze sind auch für die handelsrechtliche Bewertung der Gebäude ansetzbar. Bei Erwerb eines Gebäudes ist regelmäßig dann davon auszugehen, dass der Anschaffungszeitpunkt dem Tag der Betriebsbereitschaft des Gebäudes entspricht, wenn der Erwerber das Gebäude ab dem Zeitpunkt der Anschaffung zur Erzielung von Einkünften oder zu eigenen Wohnzwecken nutzt. Wird ein Gebäude hingegen nach seinem Erwerb nicht unverzüglich

119 Vgl. IDW RS IFA 2 Tz. 22.
120 Vgl. BMF vom 18.07.2003, IV C 3 – S 2211 – 94/03, BSTGl I, S. 386, Rz. 6 ff..
121 Vgl. BMF vom 18.07.2003, IV C 3 – S 2211 – 94/03, BStBl I S. 386, Rz. 3.
122 BMF vom 18.07.2003, IV C 3 – S 2211 – 94/03, BStBl I S. 386, Rz. 2.

durch den Erwerber genutzt, ist dies jedoch nicht zwingend ein Zeichen dafür, dass es sich nicht in einem betriebsbereiten Zustand befindet. Vielmehr ist im jeweiligen Einzelfall zu prüfen, worauf die Nichtnutzung gründet und ob eine Betriebsbereitschaft aus Sicht des Erwerbes vorliegt. D. h., ob das Gebäude geeignet ist die vom Erwerber geplanten Zweckbestimmung zu erfüllen.

Beispiel

Der Kaufmann Hieronymus erwirbt mit Kaufvertrag vom 29.9.02 ein Wohnhaus in Berlin, das er ausschließlich für eigenbetriebliche Zwecke als Verwaltungsgebäude nutzen will. Die Eintragung des Eigentümerwechsels erfolgt im Grundbuch am 15.10.02. Direkt nach dem Erwerb kündigt Hieronymus die bestehenden Mietverträge mit den Mietern und lässt die drei Etagen entsprechend seinen Plänen als Verwaltungsgebäude ausbauen. Hierfür werden die bisherigen Wohnungsunterteilungen abgerissen, Sanitäranlagen zurückgebaut bzw. verlegt, die Elektrik und Heizungen sowie Fenster erneuert und ein neuer Grundrissplan für eine offene Büroraumgestaltung umgesetzt. Nach Ende der Umbauarbeiten am 25.8.03 bezieht Hieronymus mit seinen Mitarbeitern am 1.9.03 das neue Verwaltungsgebäude.

Zwar wird Hieronymus mit Grundbucheintragung zivilrechtlicher Eigentümer des Gebäudes, es befindet sich mit dem Erwerb aber nicht in einem für Hieronymus betriebsbereiten Zustand. Erst mit dem Umbau kann Hieronymus das Gebäude entsprechend seinem Bestimmungszweck als Verwaltungsgebäude nutzen. Das Gebäude ist damit am 25.8.03 mit Fertigstellung seiner Betriebsbereitschaft mit seinen Anschaffungs- und Herstellungskosten zu aktivieren.

Zu beachten ist, dass sich die Anschaffungskosten nicht nur aus dem Kaufpreis und den Anschaffungsnebenkosten zusammensetzen, sondern hier auch die im Rahmen der Abbruch- und Umbaumaßnahmen angefallenen Herstellungskosten mit in die zu bilanzierenden Anschaffungskosten einzubeziehen sind.

Für die Ermittlung der Anschaffungs-/Herstellungskosten eines Gebäudes gelten die bereits in Kapitel 1.2 Anschaffungs- und Herstellungskosten sowie in Kapitel 2.2.1.2 zu Grundstücken dargelegten Grundsätze. Auch ist hier handelsrechtlich zu prüfen, ob die Aufwendungen zu den Anschaffungskosten zählen oder sofort abzugsfähigen Erhaltungsaufwand darstellen.

Die Abgrenzungen sind aus den Grundsätzen abzuleiten, die durch Rechtsprechung und Finanzverwaltung aufgestellt wurden. Ist das Gebäude im Zeitpunkt des Erwerbs in einem betriebsbereiten Zustand, scheiden Anschaffungskosten grundsätzlich aus, wenn der Erwerber nach der Anschaffung Instandhaltungs- und Modernisierungsarbeiten am Gebäude vornehmen lässt. Nichtsdestotrotz ist zu prüfen, ob die durchgeführten Maßnahmen am Gebäude zu Herstellungskosten im Sinne des § 255 Abs. 2 HGB führen. Diese liegen immer dann vor, wenn Aufwendungen zu einer Erweiterung oder über den Zustand hinausgehenden wesentlichen Verbesserung führen. Eine wesentliche Verbesserung ist gegeben, wenn es durch die Baumaßnahme(n) zu einem Standardsprung gekommen ist. Standardsprünge liegen vor bei Sprüngen von einem einfachen zu einem mittleren und vom mittleren zu einem gehobenen Standard. Die Standardbereiche umfassen in diesem Fall die Bereiche Heizungs-, Elektro-, Sanitäranlagen und die Fenster. Führen die vom Unternehmer durchgeführten Baumaßnahmen in 3 von 4 Bereichen zu einer Verbesserung, ist von einem Standardsprung bzw. einer Standardhebung auszugehen. Darüber hinaus ist neben einem Standardsprung auch bei einer deutlichen Verlängerung der betriebsgewöhnlichen Nutzungsdauer und dem deutlichen Anstieg der erzielbaren Miete von wesentlichen Verbesserungen durch Modernisierungsmaßnahmen auszugehen.

Einfacher Standard	Mittlerer Standard	Gehobener Standard
Bad ist nicht beheizbar	Bad ist beheizbar	Bad ist mit Fußboden-heizung ausgestattet
Fenster mit Einfachverglasung	Kunststofffenster, Fenster mit Doppelverglasung	Fenster mit Dreifachverglasung
technisch überholte Heizungsanlage (Kohleofen)	Gasheizung, Fernwärme	mindestens Gasheizung oder Fremdwärme
unzureichende Elektroversorgung	ausreichende Elektro-versorgung (Erneuerung der Elektrik)	mindestens eine ausreichende Elektro-versorgung mit Kapazitäts-steigerung

Tab. 14: Standardmerkmale für Gebäude

Keine wesentliche Verbesserung des Zustands wird hingegen angenommen, wenn z. B. eine Gegensprechanlage erstmalig eingebaut wird oder aber Boden- und Wandbeläge aufgrund von Verbrauch und Verschleiß erneuert werden.[123]

Diese Grundsätze – von der Finanzverwaltung aufgestellt – gelten also für das Handels- und auch das Steuerrecht. Darüber hinaus gilt zu beachten, dass nach Steuerrecht alle anschaffungsnahen Aufwendungen dahingehend gesondert zu prüfen sind, ob sie als Aufwand oder aber als nachträgliche Herstellungskosten zu beurteilen sind. Anschaffungsnaher Aufwand sind hierbei regelmäßig die Aufwendungen, die nach der Anschaffung eines Gebäudes für die Instandsetzung und Modernisierung aufgewendet werden.

123 Vgl. Schwirkslies (2019), Haufe Finance Office Professional Online, Haufe KABC Kontierungslexikon, HI2687527.

Für die Beurteilung ob die anschaffungsnahen Aufwendungen als Anschaffungs- bzw. Herstellungskosten auszuweisen sind, stellt das Steuerrecht in der Regel auf einen Gesamtbetrachtungszeitraum von 3 Jahren ab. Betrachtet werden hierbei also alle Aufwendungen, die auf Instandsetzungs- und Modernisierungsarbeiten innerhalb von 3 Jahren durch den Erwerber nach der Anschaffung des Gebäudes entfallen. Entscheidend für die Bestimmung des 3-Jahres-Zeitraums ist die Anschaffung, also der Übergang von Nutzen und Lasten laut notariellem Kaufvertrag. Übersteigt die Summe der Aufwendungen (ohne Umsatzsteuer) innerhalb der 3 Jahre 15 % der Anschaffungskosten des Gebäudes, so sind die Aufwendungen in ihrer Gesamtheit als nachträgliche Herstellungskosten umzuqualifizieren. Die Umqualifizierung hat zur Folge, dass die Aufwendungen nicht sofort abzugsfähige Betriebsausgaben darstellen, sondern über die betriebsgewöhnliche Nutzungsdauer des Gebäudes abgeschrieben werden müssen. Der Begriff des anschaffungsnahen Aufwands wurde durch die Rechtsprechung und die Finanzverwaltung geprägt und entwickelt sich durch diese auch stetig weiter. Sinn und Zweck der Rechtsprechung zu anschaffungsnahem Aufwand ist es, die Eigentümer von Gebäuden mit erheblichen Sanierungsstau und damit vergleichsweise sehr günstigen Anschaffungskosten mit den Erwerbern gleichzustellen, die ein Gebäude in einwandfreiem Zustand erworben haben und dafür mehr Kapital in die Hand nehmen mussten.

Keine anschaffungsnahen Aufwendungen sind ...

Zu diesen Aufwendungen gehören nicht die Aufwendungen für die Erweiterungen im Sinne des § 255 Abs. 2 Satz 1 HGB sowie Aufwendungen für Erhaltungsarbeiten, die jährlich üblicherweise anfallen. Betragen die Aufwendungen (ohne Umsatzsteuer) innerhalb der ersten 3 Jahre nach Anschaffung des Gebäudes maximal 15 % der Anschaffungskosten, dann können die Aufwendungen als sofort abzugsfähige Betriebsausgaben abgezogen werden.

BEISPIEL: Nachträgliche Anschaffungskosten – Prüfung der 15 %-Grenze

Unternehmer Hieronymus hat im Jahr 04 ein Fabrikgebäude erworben (Anschaffungskosten 500.000 EUR), in seiner Bilanz als Anlagevermögen ausgewiesen und seit dem Zeitpunkt der Anschaffung über die Nutzungsdauer abgeschrieben. In den Jahren 04 bis 06 musste er insgesamt 60.000 EUR zzgl. 19 % Umsatzsteuer für diverse Instandsetzungs- und Modernisierungsarbeiten an dem Fabrikgebäude aufwenden. Die Aufwendungen für das Jahr 04 betrugen 25.000 EUR zzgl. 19 % Umsatzsteuer, für das Jahr 05 dann 20.000 EUR zzgl. 19 % Umsatzsteuer und im Jahr 06 noch 15.000 EUR zzgl. 19 % Umsatzsteuer. Die von Hieronymus getragenen Aufwendungen überschreiten mit einer Summe von insgesamt 60.000 EUR nicht die 15 %-Grenze (500.000 EUR × 15 % = 75.000 EUR) der Anschaffungskosten innerhalb von 3 Jahren nach der Anschaffung des Fabrikgebäudes. Die Aufwendungen sind von Hieronymus als sofort abzugsfähige Betriebsausgaben gewinnmindernd zu berücksichtigen.[124]

124 Vgl. Schwirkslies (2019), Haufe Finance Office Professional Online, Haufe KABC Kontierungslexikon, HI2687527.

WICHTIG

Für die Ermittlung der 15%-Grenze ist auf das gesamte Gebäude abzustellen. Wird das Gebäude unterschiedlich genutzt, liegt je Nutzungsart ein Wirtschaftsgut vor. Ein Gebäude kann zu eigenbetrieblichen, fremdbetrieblichen, eigenen und fremden Wohnzwecken genutzt werden. Erfolgte die Aufteilung in Sondereigentum, wodurch mehrere selbstständige wirtschaftliche Einheiten entstanden sind, ist bei der Prüfung der 15%-Grenze auf jede einzelne Wohnung abzustellen, wenn die Wohnungen aufgrund einzelvertraglicher Regelungen separat erworben wurden. Liegen keine getrennten Kaufverträge je Wohnung vor und erfolgte auch keine Aufteilung in Sondereigentum, ist für die 15%-Grenze auf die Anschaffungskosten für das gesamte Gebäude abzustellen. Ebenso wird auf die gesamten Anschaffungskosten des Gebäudes abgestellt, wenn das Gebäude nicht in unterschiedlicher Art und Weise genutzt wird.[125]

Aufgrund der erheblichen Gewinnauswirkung von einerseits Instandsetzungs- und Modernisierungsaufwendungen (als sofort abzugsfähige Betriebsausgaben) und andererseits anschaffungsnahen Herstellungskosten, kommt es immer wieder zu Verfahren vor den Finanzgerichten und dem BFH. So hat bereits im Jahr 2008 das Finanzgericht Baden-Württemberg entschieden, dass üblicherweise laufend anfallende Erhaltungsaufwendungen, wie Schönheitsreparaturen, in die Berechnung der 15%-Grenze mit einzubeziehen sind, wenn die Aufwendungen eine einheitliche Maßnahme darstellen und über die Grenze der jährlich üblicherweise anfallenden Erhaltungsaufwendungen hinausgehen. Der BFH bestätigte diese Auffassung.[126]

Grundsätzlich sind Erhaltungsaufwendungen nicht per se vom Anwendungsbereich des §6 Abs.1 Nr.1a EStG ausgeschlossen, sondern nur, wenn sie jährlich üblicherweise anfallen. Jedoch fallen auch dem Grunde nach Erhaltungsaufwendungen in den Anwendungsbereich der anschaffungsnahen Aufwendungen, wenn sie innerhalb von 3 Jahren nach der Anschaffung des Gebäudes vorgenommen wurden und ohne Umsatzsteuer 15% der Gebäudeanschaffungskosten übersteigen. Insoweit ist dann aufgrund des Umfangs der durchgeführten Arbeiten nicht mehr nur von Erhaltungsaufwendungen auszugehen. Unter die jährlich üblicherweise anfallenden Erhaltungsaufwendungen fallen dann nur noch solche Aufwendungen, die nicht in einem engen zeitlichen, räumlichen und sachlichen Zusammenhang mit einer Instandsetzungs- und Modernisierungsmaßnahme stehen. Durch mehrere im Jahr 2016 ergangene Urteile des BFH wird jedoch an dem Vorliegen eines engen räumlichen, zeitlichen und sachlichen Zusammenhangs nicht mehr festgehalten. Der BFH entschied, dass zu den anschaffungsnahen Herstellungskosten sämtliche Aufwendungen für bauliche Maßnahmen gehören, die im Rahmen einer Instandsetzung und Modernisierung im Zusammenhang mit der Anschaffung eines Gebäudes anfallen. Hierzu zählen neben den

125 Vgl. Schwirkslies (2019), Haufe Finance Office Professional Online, Haufe KABC Kontierungslexikon, HI2687527.

126 Vgl. FG Baden-Württemberg, Urteil v. 14.4.2008, Az 10 K 120/07; BFH, Urteil v. 25.8.2009, Az IX R 20/08.

Aufwendungen für die Herstellung der Betriebsbereitschaft sowie Aufwendungen für eine über den ursprünglichen Zustand hinausgehende wesentliche Verbesserung des Gebäudes eben auch die Schönheitsreparaturen.[127]

WICHTIG

Selbst Schönheitsreparaturen fallen unter die anschaffungsnahen Herstellungskosten gem. § 6 Abs. 1 Nr. 1a EStG. Ein enger räumlicher, zeitlicher und sachlicher Zusammenhang ist nicht mehr Voraussetzung für eine Umqualifizierung in anschaffungsnahe Herstellungskosten i. S. d. § 6 Abs. 1 Nr. 1a EStG.

Wie bereits im Bereich der Grundstücke dargestellt, sind auch Anschaffungspreisminderungen bei der Ermittlung der Anschaffungs-/Herstellungskosten zu berücksichtigen.

Auch erfordert ein zusammen mit einem bebauten Grundstück erworbenes Gebäude regelmäßig eine Aufteilung der Anschaffungskosten auf Grund und Boden sowie Gebäude um dem Grundsatz der Einzelbewertung nachzukommen. Für die Gebäude gelten hierbei die den Grundstücken entsprechenden Aufteilungsregelungen. Auch hier soll handelsrechtlich einer im Kaufvertrag bereits verankerten Aufteilung des Kaufpreises auf Grundstück und Gebäude immer dann gefolgt werden, wenn die vorgenommene Aufteilung nicht den Anschein der Willkürlichkeit erweckt. Ist eine solche im Kaufvertrag hingegen nicht getroffen worden oder aber willkürlich, soll der Gesamtkaufpreises regelmäßig in einem angemessenen Verhältnis zwischen Grund und Boden sowie Gebäude aufgeteilt werden (im Übrigen siehe Kapitel 2.2.1.2.1 »Grundstücke«).

Auch steuerrechtlich gelten die bereits im Bereich »Grundstücke« ausgeführten Erläuterungen zur Aufteilung des Gesamtkaufpreises zu den einzelnen Wirtschaftsgütern Gebäude und Grundstück entsprechend. Ist eine nicht willkürliche Aufteilung im Kaufvertrag gegeben, soll diese übernommen werden. Sind keine Regelungen getroffen stellt das Steuerrecht auf das Verhältnis der Teilwerte – bei Anschaffungen für das Privatvermögen auf die Verkehrswerte – ab. Auch hier ist die Novelle der Immobilienwertermittlungsverordnung entsprechend zu berücksichtigen (im Übrigen siehe »Grundstücke«).

Wie auch bei den Grundstücken ist– insbesondere für die Finanzverwaltung – wesentliche Grundlage für die Plausibilisierung vorhandener oder Ermittlung nicht vorhandener Kaufpreisaufteilungen die von den obersten Finanzbehörden von Bund und Ländern erstellte Arbeitshilfe zur typisierten Kaufpreisaufteilung (letzte Aktualisie-

127 Vgl. BFH, Urteile v. 14.6.2016, IX R 25/14, BStBl II 2016, S. 992; IX R 15/15, BStBl II 2016, S. 996; IX R 22/15, BStBl II 2016, S. 999.

rung im August 2022). Es empfiehlt sich diese Arbeitshilfe regelmäßig im Rahmen der Wertfindung und -prüfung mit einzubeziehen, um Werte zu validieren oder aber Abweichungen zu späteren Wertermittlungen seitens der Finanzverwaltung bereits im Vorfeld aufzuzeigen, zu hinterfragen und gegebenenfalls auch zu vermeiden.

Während Grundstücke regelmäßig zu den nicht abnutzbaren Anlagegütern gehören, stellen Gebäude abnutzbare Anlagegüter dar, die regelmäßig planmäßig abzuschreiben sind. Das **Handelsrecht** gibt für die **Folgebewertung** vor, dass die Gebäude mit ihren Anschaffungskosten vermindert, um die planmäßige und ggf. außerplanmäßige Abschreibung zu bilanzieren sind (§ 253 HGB), wobei die Abschreibung ab dem Tag der Zugangsbewertung – mithin der bestimmungsgemäßen Nutzbarkeit des Gebäudes – zu berechnen ist. Während für Wohngebäude im Regelfall handelsrechtlich eine Nutzungsdauer von 50 Jahren (max. 80 Jahre) anzusetzen ist, ist die Nutzungsdauer für Gewerbeimmobilien regelmäßig geringer. Hier ist jeweils auf den Einzelfall abzustellen. Die Nutzungsdauer beeinflussende Merkmale sind der Erwerb von gebrauchten Gebäuden und auch durchgeführte Modernisierungsmaßnahmen. Diese können – unabhängig von der Gebäudeart zu einer Verkürzung oder aber Verlängerung der anzusetzenden Nutzungsdauer führen.[128]

Hingegen bestimmt sich die regelmäßige Nutzungsdauer und mithin die Abschreibung für Gebäude auf fremden Grundstücken regelmäßig in Abhängigkeit von der vertraglichen Nutzungsdauer des Gebäudes sowie der voraussichtlichen Nutzung des Gebäudes im Anschluss an die vertragliche gewährte Nutzung. So ergeben sich für Gebäude auf fremden Grundstücken die nachfolgenden Abschreibungen:

1. Vertraglich vereinbarte Abbruchverpflichtung zum Laufzeitende des Nutzungsvertrages zum Gebäude und Grundstück: Das Gebäude wird also eben nicht durch den zivilrechtlichen Grundstückseigentümer übernommen. Vielmehr entstehen dem wirtschaftlichen Eigentümer am Ende der Nutzungszeit noch Abbruchkosten. Der Wert des Gebäudes ist mithin über die Laufzeit der vertraglich vereinbarten Nutzungsdauer in voller Höhe abzuschreiben. Des Weiteren ist für die voraussichtliche Höhe der Abbruchkosten eine Rückstellung zu bilden.
2. Übernahme des Gebäudes durch den zivilrechtlichen Eigentümer gegen Zahlung eines Entgelts: Der Abschreibungsplan ist unter Berücksichtigung des vereinbarten Übernahmeentgelts aufzustellen. Das heißt, die Abschreibung ist in gleichmäßigen Raten so zu wählen, dass mit Ende der vertraglich vereinbarten Nutzungsdauer der Wert des Gebäudes noch in Höhe des vereinbarten Übernahmeentgelts ausgewiesen wird.

128 Vgl. vgl. Petersen (2021), Beck'sches Steuerberater-Handbuch 2021/2022, 18. Auflage, zu B. Die Posten des Jahresabschlusses, Rz. 256, IDW RS IFA 2 Tz. 24f.

Das Handelsrecht erfordert – wie bei allen Vermögensgegenständen des Anlagevermögens – auch bei Gebäuden die Abwertung auf den niedrigeren Wert, soweit die Wertminderung voraussichtlich von Dauer ist.[129] Das IDW stellt für die Prüfung regelmäßig auf die Funktionsbestimmung des Gebäudes sowie die Verwendungsplanung des Unternehmers ab. Danach ist der subjektive Immobilienwert bei einem Gebäude im Anlagevermögen zu ermitteln und ggf. entsprechend der im Rahmen der Zugangsbewertung angewandten Aufteilungsmethode auf Grundstück und Gebäude aufzuteilen. Aufgrund der hohen Nutzungsdauer von Immobilien geht der IDW weiter davon aus, dass der Betrachtungszeitraum für die Prüfung einer voraussichtlich dauernden Wertminderung hier jedoch nicht zwingend mit nur drei bis fünf Jahren anzusetzen ist, sondern es vielmehr angebracht sein kann einen Zeitraum von fünf bis zehn Jahren für die Beurteilung heranzuziehen.[130] Dem Abwertungsgebot folgt aber auch hier das Wertaufholungsgebot beim Entfallen der Gründe für den niedrigeren Wertansatz.

Auch steuerrechtlich sind die Gebäude als abnutzbare Wirtschaftsgüter des Anlagevermögens gleichmäßig abzuschreiben. Hier folgt das Steuerrecht ebenfalls dem Grundsatz der Abschreibungsgleichheit, sofern es sich nicht z. B. um Scheinbestandteile, Betriebsvorrichtungen oder in fremdem wirtschaftlichem Eigentum liegende Gebäude(-teile) handelt. Das Steuerrecht erlaubt in der Folgebewertung regelmäßig die lineare und auch degressive Abschreibung ab dem Zeitpunkt der Bilanzierung und gibt für diese fest geregelte Abschreibungsquoten. Hierbei geht es bei Gebäuden des Betriebsvermögens (kein Wohnen) grundsätzlich eine 33-jährige Nutzungsdauer und bei anderen Gebäuden eine 40- bis 50-jährige Nutzungsdauer:

Lineare Abschreibung nach Steuerrecht

§ 7 (4) S. 1 Nr. 1 EStG	Gebäude des Betriebsvermögens, keine Wohnzwecke	Bauantrag nach dem 31.3.1985	3 % AfA/Jahr
§ 7 (4) S. 1 Nr. 2 B. a EStG	Sonstige Gebäude (nicht die nach Nr. 1)	Fertigstellung nach dem 31.12.2022	3 % AfA/Jahr
§ 7 (4) S. 1 Nr. 2 B. b EStG	Sonstige Gebäude (nicht die nach Nr. 1)	Fertigstellung nach dem 31.12.1924 und vor dem 1.1.2023	2 % AfA/Jahr
§ 7 (4) S. 1 Nr. 2 B. a EStG	Sonstige Gebäude (nicht die nach Nr. 1)	Fertigstellung vor dem 1.1.1925	2,5 % AfA/Jahr

129 Vgl. § 253 Abs. 3 S. 5 HGB.
130 Vgl. IDW RS IFA 2, Tz. 30 ff..

Darüber hinaus ist aber auch steuerlich bei Anwendung der linearen Abschreibung der Ansatz einer kürzeren Nutzungsdauer möglich, soweit die tatsächliche Nutzungsdauer geringer ist (§ 7 Abs. 4 S. 3 EStG).

Degressive Abschreibung nach Steuerrecht

§ 7 (5) S. 1 Nr. 1 EStG	Gebäude des Betriebsvermögens, keine Wohnzwecke	Bauantrag oder rechtswirksamer Kaufvertrag vor dem 1.1.1994	• 10 % AfA/Jahr 1-4 • 5 % AfA/Jahr 5-7 • 2,5 % AfA/Jahr 8-25
§ 7 (5) S. 1 Nr. 2 EStG	Sonstige Gebäude (nicht die nach Nr. 1)	Bauantrag oder rechtswirksamer Kaufvertrag vor dem 1.1.1995	• 5 % AfA/Jahr 1-8 • 2,5 % AfA/Jahr 9-14 • 1,25 % AfA/Jahr 15-50
§ 7 (5) S. 1 Nr. 3 B. a EStG	Sonstige Gebäude i. S. d. Nr. 2 zu Wohnzwecken	Bauantrag oder rechtswirksamer Kaufvertrag nach dem 28.2.1989 und vor dem 1.1.1996	• 7 % AfA/Jahr 1-4 • 5 % AfA/Jahr 5-10 • 2 % AfA/Jahr 11-16 • 1,25 % AfA/Jahr 17-40-
§ 7 (5) S. 1 Nr. 3 B. b EStG	Sonstige Gebäude i. S. d. Nr. 2 zu Wohnzwecken	Bauantrag oder rechtswirksamer Kaufvertrag nach dem 31.12.1995 und vor dem 1.1.2004	• 5 % AfA/Jahr 1-8 • 2,5 % AfA/Jahr 9-14 • 1,25 % AfA/Jahr 15-50
§ 7 (5) S. 1 Nr. 3 B. c EStG	Sonstige Gebäude i. S. d. Nr. 2 zu Wohnzwecken	Bauantrag oder rechtswirksamer Kaufvertrag nach dem 31.12.2003 und vor dem 1.1.2006	• 4 % AfA/Jahr 1-10 • 2,5 % AfA/Jahr 11-18 • 1,25 % AfA/Jahr 19-50

Zu beachten ist, dass die Anwendung der degressiven Abschreibung im Falle der Anschaffung eines Gebäudes nur dann möglich ist, wenn durch den Voreigentümer weder planmäßige degressive noch außerplanmäßige Abschreibungen geltend gemacht wurden.

Mit Ausnahme der Gebäude im Sinne des § 7 Abs. 4 Satz 1 Nr. 2 EStG gibt das Steuerrecht auch für Gebäude die Möglichkeit einer Sonderabschreibung aufgrund außergewöhnlicher wirtschaftlicher oder technischer Abnutzung vor. Ausgenommen sind von dieser also alle die Gebäude, die nicht zum Betriebsvermögen gehören, Wohnzwecken dienen und für die die planmäßige Abschreibung linear vorgenommen wird.[131]

Die Zuordnung des Gebäudes und auch die Nutzungsart haben also auf die Abschreibungsart und die Nutzungsdauer der Gebäude in der Steuerbilanz einen ebenso

131 Vgl. § 7 Abs. 4 S. 4 EStG.

hohen Einfluss wie auch der Zeitpunkt des Bauantrags bzw. des Abschlusses eines rechtswirksamen obligatorischen Kaufvertrags. So haben sich hier in den vergangenen Jahren Gestaltungsspielräume für den Steuerpflichtigen in der Steuerbilanz immer dann eröffnet, wenn Änderungen zu den Abschreibungssätzen beschlossen und bekannt gegeben wurden. Diese würden sich auch bei etwaig künftigen Änderungen der Abschreibungssätze in Abhängigkeit mit dem Zeitpunkt des Bauantrags/Fertigstellung/Kaufs wieder ergeben.

Auch für Gebäude gibt das Steuerrecht die Möglichkeit der Teilwertwertabschreibung im Falle einer voraussichtlich dauernden Wertminderung auf den niedrigeren Teilwert (§ 6 Abs. 1 Nr. 1 Satz 2 EStG). Der niedrige Teilwert muss hierbei vom Steuerpflichtigen regelmäßig nachgewiesen werden. Ebenso nachzuweisen ist die Prüfung einer etwaigen Wertaufholung sowie die zwingende Wertzuschreibung bei entsprechender Wertaufholung (§ 6 Abs. 1 Nr. 1 Satz 4 EStG).[132]

2.2.1.3 SONDERFÄLLE und GESTALTUNG

2.2.1.3.1 Sonderfall – Abbruchkosten

Im Falle vom Abbruch bestehender Gebäude bei Erwerb des Grundstücks ist für die Ermittlung der Anschaffungskosten von Grundstücken und Gebäuden regelmäßig auf den Zustand des Abbruchobjektes sowie die weitere Verwendungsabsicht des Grundstücks abzustellen. So liegen gemäß Handels- und auch Steuerrecht folgende Varianten der Kostenzuordnung vor:

Erwerb mit Abbruchabsicht ohne Neubau	Das Gebäude war bei Erwerb objektiv wertlos.	Abbruchkosten stellen Anschaffungskosten des Grund und Bodens dar.
Erwerb mit Abbruchabsicht und Neubau eines Gebäudes	Das Gebäude war bei Erwerb objektiv wertlos.	Abbruchkosten stellen Herstellungskosten des neuen Gebäudes dar.
Erwerb mit Abbruchabsicht und Neubau eines Gebäudes	Das Gebäude war bei Erwerb weder wirtschaftlich noch technisch veraltet. Der Abbruch steht mit dem Neubau in einem engen wirtschaftlichen Zusammenhang.	Sowohl der Restbuchwert des bestehenden Gebäudes als auch die Abbruchkosten sind zu den Herstellungskosten des Neubaus hinzuzurechnen.

132 Vgl. BMF-Schreiben vom 02.09.2016, IV C 6 – S 2171-b/09/10002 :002, BStBl 2016 I S. 995.

Übertragung aus dem Sonderbetriebsvermögen in das Gesamthandsvermögen einer Schwesterpersonenges.	Die Übertragung erfolgt gg. Gewährung von Gesellschaftsrechten und mit Abbruchabsicht.	Der Restwert des Abbruchgebäudes nebst Abbruchkosten sind Herstellungskosten des Neubaus.
Erwerb ohne Abbruchabsicht oder mit Teilabbruchabsicht	Bei durchgeführten Umbauarbeiten ergibt sich jedoch, dass das Gebäude oder Teile davon nicht erhalten werden können (Abrissnotwendigkeit).	Nur insoweit, als bereits bei Erwerb eine Teilabbruchabsicht bestand gehören Restbuchwert und Abbruchkosten zu den Herstellungskosten des »Neu-«Baus. Restbuchwert und Abbruchkosten des zunächst nicht für einen Abriss angedachten Gebäudes(-teils) gehören zu den Betriebsausgaben.

2.2.1.3.2 Handelsrechtliche Einbeziehung von Fremdkapitalzinsen

Handelsrechtlich gibt es darüber hinaus noch eine weitere Besonderheit bei der Ermittlung der Herstellungskosten für ein Gebäude zu berücksichtigen: Gemäß § 255 Abs. 3 HGB besteht für den Unternehmer die Möglichkeit im Rahmen einer **Bewertungshilfe Fremdkapitalzinsen** zu aktivieren und sie damit zu fiktiven Herstellungskosten zu machen. Zinsen sind grundsätzlich keine Herstellungskosten, sondern vielmehr laufender Aufwand im Rahmen einer Finanzierung. Die Möglichkeit der Aktivierung stellt damit nach handelsrechtlichen Gesichtspunkten kein klassisches Bilanzierungswahlrecht dar[133]. Voraussetzung hierfür ist jedoch:

- Der Anfall der Finanzierungsaufwendungen steht in einem unmittelbaren wirtschaftlichen Zusammenhang mit der Herstellung eines Anlagegutes (hier: Gebäude) und
- die Aktivierung begrenzt sich auf die im Herstellungszeitraum anfallenden Fremdkapitalzinsen.

Soweit die Bilanzierungshilfe handelsrechtlich angewandt wird, folgt auch das Steuerrecht dieser Ansatzmöglichkeit und erzwingt die Berücksichtigung von Fremdkapitalzinsen im Rahmen der Herstellung eines Vermögensgegenstandes unter den vorgenannten Voraussetzungen (§ 5 Abs. 1 Satz 1 HS 1 EstG). Dem handelsrechtlichen Wahlrecht folgt bei seiner Inanspruchnahme das steuerliche Aktivierungsgebot.

133 Vgl. Schubert/Hutzler (2020), Beck'scher Bilanzkommentar, 12. Auflage, zu § 255, Rz. 502.

2.2.1.3.3 Beispiel: Zuordnung von Schönheitsreparaturen[134]

Jemand hat ein Immobilienobjekt erworben und in zeitlicher Nähe zur Anschaffung umgestaltet, renoviert und instandgesetzt, um es anschließend zu vermieten. Dabei wurden Wände eingezogen, Bäder erneuert, Fenster ausgetauscht, energetische Verbesserungsmaßnahmen durchgeführt sowie Schönheitsreparaturen vorgenommen. Da die gesamten Nettokosten der Renovierungen 15 % der Anschaffungskosten des Gebäudes überstiegen, ging das Finanzamt von sog. anschaffungsnahen Herstellungskosten aus, die nur im Wege der Abschreibung über die Nutzungsdauer des Gebäudes geltend gemacht werden können. Der neue Eigentümer machte die Aufwendungen für die durchgeführten Schönheitsreparaturen bei den Einkünften aus Vermietung und Verpachtung als sofort abziehbare Werbungskosten geltend. Er vertrat die Auffassung, dass die Aufwendungen für reine Schönheitsreparaturen (wie z. B. für das Tapezieren und das Streichen von Wänden, Böden, Heizkörpern, Innen- und Außentüren sowie der Fenster) nicht unter den Begriff der Instandsetzungs- und Modernisierungsmaßnahmen fallen, sondern isoliert betrachtet werden müssten. Die Kosten für Schönheitsreparaturen dürften somit nicht zusammen mit anderen Kosten der Sanierung als anschaffungsnahe Herstellungskosten beurteilt werden, sondern müssten als Werbungskosten abgezogen werden können. Dem widersprach der BFH. Für Baumaßnahmen, die in dem 3-Jahres-Zeitraum durchgeführt werden, jedoch nicht zum Überschreiten der 15 %-Grenze führen, sind dennoch als anschaffungsnahe Herstellungskosten zu qualifizieren, wenn es sich um eine sog. Sanierung in Raten handelt und diese erst nach Ablauf der 3 Jahre festgestellt wird. Von einer Sanierung in Raten ist auszugehen, wenn die Baumaßnahmen innerhalb eines Zeitraums von 5 Jahren ausgeführt worden sind.[135] Es ist nicht entscheidend, dass die vorgenommenen Baumaßnahmen i. S. d. § 6 Abs. 1 Nr. 1a EstG im 3-Jahres-Zeitraum noch nicht abgeschlossen, bezahlt oder abgerechnet wurden. Mit dieser Rechtsauffassung soll das künstliche Hinauszögern der Beendigung der Baumaßnahmen oder auch absichtlich spät vorgenommene Überweisungen umgangen werden. Wird eine im 3-Jahres-Zeitraum begonnene Baumaßnahme erst nach Ablauf des 3-Jahres-Zeitraums beendet, muss geprüft werden, ob für die bis zum Ablauf der 3-Jahresfrist bereits durchgeführten Maßnahmen die 15 %-Grenze überschritten wird. Ist dies der Fall, liegen anschaffungsnahe Herstellungskosten vor. Leistungen, die nach Ablauf des 3-Jahres-Zeitraums noch vorgenommen werden, werden nicht mehr in die 15 %-Grenze mit einbezogen und stellen ggf. sofort abzugsfähige Betriebsausgaben dar. Darüber hinaus muss auch immer noch das Vorliegen von Herstellungskosten geprüft werden.[136]

134 Vgl. Vgl. Schwirkslies (2019), Haufe Finance Office Professional Online, Haufe KABC Kontierungslexikon, HI2687527.

135 Vgl. BMF, Schreiben v. 18.7.2003, BStBl 2003 I S. 386 Rz. 31.

136 Vgl. BMF, Schreiben v. 18.7.2003, BStBl 2003 I S. 386.

2.2.1.3.4 Gestaltung durch Steuerung der einzelnen Baumaßnahmen[137]

Übersteigt die Gesamtsumme der Renovierungskosten, die innerhalb von 3 Jahren nach Erwerb angefallenen sind, die Anschaffungskosten des Gebäudes um mehr als 15%, kann der gesamte Aufwand nur zusammen mit den Anschaffungskosten des Gebäudes abgeschrieben werden. Wer die 15-%-Grenze nicht überschreiten will, um seine Aufwendungen sofort als Werbungskosten geltend machen zu können, muss bei seiner Berechnung auch die Kosten für Schönheitsreparaturen einbeziehen. Um die 15-%-Grenze nicht zu überschreiten, kann es sich im Einzelfall lohnen, einzelne Renovierungsmaßnahmen bzw. Schönheitsreparaturen erst nach Ablauf von 3 bzw. 5 Jahren durchzuführen. Ebenfalls zu den in die 15%-Grenze einzubeziehenden Aufwendungen gehören die Maßnahmen zur Beseitigung versteckter Mängel sowie die Behebung von Mängeln, die dem Alter des Gebäudes geschuldet sind. Voraussetzung ist, dass die vorliegenden Mängel zum Zeitpunkt des Erwerbs des Gebäudes bereits vorhanden waren.[138] Aufwendungen, die für eine energetische Sanierung der Gebäudefassade anfallen, gehören zu den anschaffungsnahen Herstellungskosten nach § 6 Abs. 1 Nr. 1a EstG.[139] Auch unvermutet aufgetretene Renovierungsaufwendungen für die Beseitigung von Gebrauchsspuren und Mängeln, die durch den normalen Gebrauch der Mietsache entstanden sind, gehören bei Überschreiten der 15-%-Grenze des § 6 Abs. 1 Nr. 1a EstG innerhalb von 3 Jahren nach der Anschaffung zu den anschaffungsnahen Herstellungskosten.[140] Werden durch den neuen Eigentümer Schäden beseitigt, die der Mieter nach dem Erwerb des Gebäudes bzw. der Wohnung verursacht hat, handelt es sich um sofort abzugsfähige Erhaltungsaufwendungen.[141]

2.2.1.3.5 Sonderfall – Erstattungen von Dritten[142]

Werden vorgenommene Baumaßnahmen von dritter Seite erstattet, z. B. durch die Versicherung oder die Mieter, sind die Gesamtaufwendungen, um diese Erstattungen zu mindern. Lediglich der verbleibende Betrag muss vom Unternehmer in die Berechnung der 15-%-Grenze mit einbezogen werden. Kommt es trotz Minderung der Aufwendungen mit den Erstattungen von dritter Seite zu einer Überschreitung der 15-%-Grenze, sind die Aufwendungen als anschaffungsnahe Herstellungskosten zu qualifizieren und erhöhen somit die AfA-Bemessungsgrundlage des Gebäudes. Ein Abzug von sofort abzugsfähigen Betriebsausgaben ist damit nicht mehr möglich. Kommt es zu Erstattungen

137 Vgl. Vgl. Schwirkslies (2019), Haufe Finance Office Professional Online, Haufe KABC Kontierungslexikon, HI2687527.
138 Vgl. R 6.4 Abs. 1 S. 1 EStR; FG Münster, Urteil v. 20.1.2010, Az 10 K 526/08 E.
139 Vgl. FG Münster, Urteil v. 17.11.2014, Az 13 K 3335/12 E.
140 Vgl. BFH, Urteil v. 13.3.2018, Az IX R 41/17.
141 Vgl. FG Düsseldorf, Urteil v. 21.6.2016, Az 11 K 4274/13; bestätigt durch BFH, Urteil v. 9.5.2017, Az IX R 6/16.
142 Zitat: Vgl. Schwirkslies (2019), Haufe Finance Office Professional Online, Haufe KABC Kontierungslexikon, HI2687527.

in einem späteren Jahr als dem, in dem die Aufwendungen angefallen sind, ist die AfA-Bemessungsgrundlage in Höhe der nachträglichen Erstattung zu mindern.

2.2.1.3.6 Argumentation zur Vermeidung von Betriebsvermögen nach § 8b EStDV

Um die Bildung von Betriebsvermögen durch das Überschreiten der relativen und der absoluten Grenze des § 8 EStDV zu verhindern, muss sich der Unternehmer Argumente einfallen lassen. Um die steuerlichen Nachteile eines Ausweises von Betriebsvermögen (in der Regel für das häusliche Arbeitszimmer) im privat genutzten Wohnhaus zu vermeiden, kann unter anderem wie folgt argumentiert werden:

- Sollte das Finanzamt die Überschreitung der Wertgrenzen des § 8 EStDV feststellen, kann ein Nachweis darüber hilfreich sein, dass das Arbeitszimmer zu mehr als 50 % privat genutzt wird. Dieser Nachweis kann durch Fotos belegt werden, auf denen sich zum Beispiel ein (Schlaf-)Sofa, Fitnessgeräte oder ein Fernseher befinden. Nicht unbeachtet gelassen werden darf dabei, dass damit aber auch in der Zukunft die Betriebsausgaben, die für diesen Raum geltend gemacht werden, nicht abziehbare Betriebsausgaben darstellen.
- Fordert das Finanzamt ein Wertgutachten an, wird dieses häufig den Wert zu einem aktuellen Stichtag ausweisen, mit der Folge, dass das Finanzamt bei Wertgrenzenüberschreitung eine Zuordnung zum Betriebsvermögen via Einlage vornehmen wird. Da so ein angefordertes Gutachten zumeist keine Begutachtung für zurückliegende Zeitpunkte enthält, sollte der Unternehmer das Finanzamt bitten ein Wertgutachten (auf Kosten der Finanzverwaltung) für zurückliegende Stichtage in Auftrag zu geben. Sollte das Finanzamt dieser Forderung nicht nachkommen, sollte ggf. eine Kompromisslösung gefunden werden, um möglichst geringe stille Reserven in das Betriebsvermögen überführen zu müssen.
- Um die Überschreitung der Bagatellgrenzen des § 8 EStDV zu vermeiden, kann der Unternehmer zur Ermittlung des betrieblichen Grundstücksanteils anstatt von der Nutzfläche auch von den Rauminhalten ausgehen. Eine Rauminhalteberechnung könnte sich lohnen.

2.2.1.3.7 Kaufpreisaufteilung im Notarvertrag

Es empfiehlt sich die Kaufpreisaufteilung der Finanzverwaltung als Hilfsmittel zur Bestimmung des Anteils von Grund und Boden und Gebäude zu nutzen. Eine Bindungswirkung für die Beteiligten hat die Kaufpreisaufteilung nicht, da es sich um eine Arbeitshilfe des Bundesministeriums handelt. Die ermittelten Werte können einen Richtwert für die Aufteilung des Kaufpreises darstellen. U. E. n. Erachtens nach sollte der Kaufpreis bereits im Notarvertrag auf Grund und Boden und Gebäude aufgeteilt werden, um Rechtssicherheit zu schaffen. Eine vertragliche Kaufpreisaufteilung ist auch von der Finanzverwaltung als Berechnung für die Abschreibung zu Grunde zu legen, soweit die Aufteilung nicht zum Schein getroffen wurde und einen Gestaltungsmissbrauch darstellt. Trotz der Möglichkeit den Kaufpreis bereits im notariellen Grundstückskaufvertrag aufzuteilen, bleibt ein Wertgutachten auf Basis der aktuellen Verhältnisse immer die sicherste Variante zur Aufteilung des Kaufpreises auf Gebäude und Grund und Boden. Soll dieses Wertgutachten auch gegenüber dem Finanzamt seine Wirksamkeit entfalten, muss es sich um das Gutachten eines öffentlich bestellten und vereidigten Sachverständigen handeln.

2.2.1.3.8 Sonderabschreibung nach § 7b EStG

Mit dem Gesetz zur steuerlichen Förderung des Mietwohnungsneubaus vom 4.8.2019 (Bundesgesetzblatt I S. 1122) wurden steuerliche Anreize für den Neubau von Mietwohnungen mit bezahlbarem Wohnraum in die Tat umgesetzt. Das BMF hat – in Abstimmung mit den obersten Finanzbehörden der Länder – zu den Voraussetzungen zur Inanspruchnahme der Sonderabschreibung mittels eines Anwendungsschreibens vom 7.7.2020 Stellung genommen. Neben ausführlichen Erläuterungen zu den Voraussetzungen des § 7b EStG, einer Checkliste, ob die Voraussetzungen für die Anwendung der Sonderabschreibung eingehalten werden. stellt das BMF auch ein Berechnungsschema zur Ermittlung des relevanten wirtschaftlichen Vorteils durch die Inanspruchnahme der Sonderabschreibung zur Verfügung.[143]

Die wesentlichen Voraussetzungen lassen sich wie folgt zusammenfassen:

Umfang des begünstigten Personenkreises	• alle Steuerpflichtige, die dem EStG oder KStG unterliegen
	• alle Steuerpflichtigen, die eine Wohnung entgeltlich zu fremden Wohnzwecken vermieten (und mit der Vermietung steuerpflichtige Einkünfte erzielen)
Nutzungsvoraussetzungen	• die Wohnung wird im Jahr der Anschaffung/Herstellung und in den folgenden 9 Jahren entgeltlich zu Wohnzwecken überlassen
	• eine Wohnung dient nicht Wohnzwecken, wenn sie zur vorübergehenden Beherbergung von Personen genutzt wird
	• Untervermietung ist unschädlich, soweit die Untervermietung wieder zu fremden Wohnzwecken erfolgt

143 https://www.bundesfinanzministerium.de/Content/DE/Standardartikel/Themen/Steuern/Steuerarten/Einkommensteuer/2020-07-07-berechnungsschema-sonderabschreibung-7b-estg.html.

Begünstigte Wohnungen im Rahmen der Neuanschaffung oder Neuherstellung	• Neubau von Ein-, Zwei- oder Mehrfamilienhäusern
	• Umbau von bestehenden Gebäuden, wenn dadurch erstmalig Wohnraum entsteht
	• Aufstockung oder Anbau auf oder an bestehenden Gebäuden
	• Dachgeschossausbauten, wenn erstmalig Wohnraum entsteht
Was meint »begünstigten Wohnraum«?	• die Anforderungen des § 181 Abs. 9 BewG müssen erfüllt sein
Förderzeitraum	• Bauantrag muss nach dem 31.8.2018 und vor dem 1.1.2022 oder nach dem 31.12.2022 und vor dem 1.1.2027 gestellt worden sein
	• Bauantrag nach dem 31.12.2022 und vor dem 1.1.2027 gestellt und die Wohnung liegt in einem Gebäude, das die Kriterien eines »Effizienzhaus 40« mit Nachhaltigkeits-Klasse erfüllt und dies durch Qualitätssiegel Nachhaltiges Gebäude nachgewiesen ist
	• nicht entscheidend ist das Jahr der Fertigstellung
Höhe der Anschaffungs- oder Herstellungskosten (Baukostenobergrenze)	• maximal 3.000 EUR pro Quadratmeter Wohnfläche, wenn der Bauantrag nach dem 31.8.2018 und vor dem 1.1.2022 gestellt wurde
	• maximal 4.800 EUR pro Quadratmeter Wohnfläche, wenn der Bauantrag nach dem 31.12.2022 und vor dem 1.1.2027 gestellt wurde
Begünstigungszeitraum für die Inanspruchnahme der Abschreibung	• im Jahr der Fertigstellung/Anschaffung und in den folgenden drei Jahren
	• Sonderabschreibung kann nur in einem Jahr, nur in zwei oder auch nur in drei Jahren vorgenommen werden; eine beliebige Verteilung des Abschreibungsvolumens ist jedoch nicht möglich
Förderhöchstgrenze (förderfähige Bemessungsgrundlage)	• Sonderabschreibung darf auf maximal 2.000 EUR Anschaffungs-/Herstellungskosten je Quadratmeter vorgenommen werden, wenn der Bauantrag nach dem 31.8.2018 und vor dem 1.1.2022 gestellt wurde
	• Sonderabschreibung darf auf maximal 2.500 EUR Anschaffungs-/Herstellungskosten je Quadratmeter vorgenommen werden, wenn der Bauantrag nach dem 31.12.2022 und vor dem 1.1.12027 gestellt wurde
Höhe der Sonderabschreibung	• Jährlich bis zu 5 % der förderfähigen Bemessungsgrundlage
	• keine Pro-rata-temporis-Abschreibung bei unterjähriger Anschaffung/Fertigstellung

Da es sich um eine Sonderabschreibung handelt, hat der Steuerpflichtige ein Wahlrecht, ob er sie an Anspruch nimmt oder nicht. Neben der Sonderabschreibung nach

§ 7b EStG kann die lineare Abschreibung parallel in Abzug gebracht werden. Endet der Begünstigungszeitraum nach § 7b EStG ergibt sich die weitere Bemessungsgrundlage für die Wohnung/das Objekt nach § 7a Abs. 9 EStG.

Eine Begrenzung des Fördergebiets wurde nicht vorgenommen, sodass neben Wohnungen in Deutschland die Sonderabschreibung auch für Wohnungen in den Mitgliedstaaten der EU in Anspruch genommen werden kann. Die Vorgaben zur »De-minimis-Verordnung« müssen beachtet werden, vgl. § 7b Abs. 5 EStG.

2.2.2 Technische Anlagen und Maschinen

2.2.2.1 Bilanzierung im Handelsrecht und Steuerrecht

Einen weiteren Bilanzposten im Bereich des Anlagevermögens bilden die technischen Anlagen und Maschinen. Wesentliches Merkmal der hier einzuordnenden Vermögensgegenstände ist, dass diese im Wesentlichen dem Produktions- und Fertigungsprozess des bilanzierenden Unternehmens dienen. Auch bei den technischen Anlagen und Maschinen wird für den notwendigen Bilanzausweis in erster Linie auf die wirtschaftliche Zuordenbarkeit der Vermögensgegenstände zum bilanzierenden Unternehmen abgestellt, statt der zivilrechtlichen Zuordnung. Dem Grundsatz der handelsrechtlichen Aktivierungspflicht folgt das Steuerrecht auch hier über das Prinzip der Maßgeblichkeit, sodass technische Anlagen und Maschinen regelmäßig in der Bilanz des wirtschaftlichen Eigentümers auszuweisen sind, auch wenn z. B. die Anlage aus zivilrechtlicher Sicht aufgrund ihres Einbaus und ihrer festen Verbindung in ein fremdes Gebäude Bestandteil dessen geworden sind (z. B. Hebebühne in einer Kfz-Werkstatt).

HINWEIS

Besteht eine Bilanzausweispflicht für technische Anlagen und Maschinen allein aufgrund ihrer wirtschaftlichen Zugehörigkeit statt der juristischen, ist insbesondere bei hohen Bilanzansätzen zu prüfen, ob ein ergänzender Vermerk im Anhang oder der Bilanz der Gesellschaft über die abweichende juristische Zugehörigkeit der Vermögensgegenstände aufzunehmen ist.[144]

Beispiele für technische Anlage sind:

- Hochöfen
- Hebe- und Arbeitsbühnen
- Kompressoren

144 Vgl. Petersen (2021), Beck'sches Steuerberater-Handbuch 2021/2022, 18. Auflage, zu B. Die Posten des Jahresabschlusses, Rz. 304.

- Silos
- Gasometer
- Produktionsanlagen
- Kräne/Krananlagen
- Fettabscheider
- Bootsstege
- Bootstankstellen
- Eisenbahn- und Hafenanlagen
- Gewächshäuser, fahrbare
- Wasserwerksanlagen
- Krafterzeugungs- und -verteilungsanlagen
- Umspannwerke
- Entrauchungsanlage

HINWEIS: Photovoltaikanlage[145]

Für Photovoltaikanlagen, die als sog. Aufdachanlagen mit einer Unterkonstruktion auf das Dach aufgesetzt werden gilt: sie dienen nach der Verfügung der OFD Rheinland vom 10.7.2012 ganz dem Gewerbebetrieb der Stromerzeugung und sind daher regelmäßig als Betriebsvorrichtungen, somit als selbstständige, bewegliche Wirtschaftsgüter anzusehen. Ungeachtet der bewertungsrechtlichen Zuordnung zu den Gebäudebestandteilen sind nach o. g. Verfügung der OFD Rheinland auch dachintegrierte Photovoltaikanlagen für ertragsteuerliche Zwecke wie Betriebsvorrichtungen als selbstständige, bewegliche Wirtschaftsgüter zu behandeln. Das gilt aber nur für das Photovoltaikmodul selbst. Nicht zur Photovoltaikanlage, sondern zum Gebäude gehört dagegen die Dachkonstruktion. Die darauf entfallenden Aufwendungen sind daher dem Gebäude entweder als Anschaffungs- bzw. Herstellungskosten oder als Erhaltungsaufwendungen zuzurechnen.

Die handelsrechtliche Beurteilung des Ausweises orientiert sich hierbei regelmäßig – insbesondere für die Abgrenzung zu den Gebäuden – an den steuerrechtlichen Vorschriften zu Betriebsvorrichtungen. Damit gehören Betriebsvorrichtungen in der Regel zu den technischen Anlagen und Maschinen.

2.2.2.2 Bewertung im Handelsrecht und Steuerrecht

Der Bilanzansatz der technischen Anlagen und Maschinen erfolgt mit Beginn ihrer betrieblichen Nutzungsfähigkeit regelmäßig mit ihren Anschaffungs- und Herstel-

145 aus: Bramburger (2022), Haufe Finance Office Professional Online, Haufe KABC Kontierungslexikon, HI1905941.

lungskosten. Hierbei sind alle notwendigen Nebenkosten und auch etwaig erhaltene Minderungen zu berücksichtigen.

HINWEIS

Auch Spezialwerkzeuge für die technischen Anlagen und Maschinen oder Spezialreserveteile sind regelmäßig dem Vermögensgegenstand direkt zu zurechnen und mit ihm zusammen in der Bilanz auszuweisen. Aufgrund der speziellen Nutzungsgebundenheit (nur für bestimmte Anlagen oder Maschinen) scheidet für die Spezialwerkzeuge/-reserveteile der Ausweis unter den Vorräten oder Ähnlichem aus.[146]

In der Folge unterliegen die technischen Anlagen und Maschinen als Vermögensgegenstände mit begrenzter wirtschaftlicher Nutzungsdauer regelmäßig der planmäßigen Abschreibung.[147] Die planmäßige Abschreibung ist regelmäßig ab dem Zeitpunkt der betrieblichen Nutzungsfähigkeit (Anschaffung bzw. Fertigstellung) vorzunehmen und die Anschaffungs- bzw. Herstellungskosten sind über die voraussichtliche Nutzungsdauer zu verteilen. Hierbei kann die Abschreibung handelsrechtlich sowohl degressiv als auch linear vorgenommen werden; auch die Abschreibung nach dem Werteverzehr ist möglich.

HINWEIS

Ebenfalls aktivierungspflichtig sind durchgeführte Generalüberholungen oder Großreparaturen an Maschinen und Anlagen des Anlagevermögens, soweit diese regelmäßig den Merkmalen der Herstellungskosten folgen.[148]

Soweit eine voraussichtlich dauernde Wertminderung gegeben ist, d.h. der beizulegende Wert unterschreitet voraussichtlich dauernd den Buchwert des Vermögensgegenstandes, fordert das Handelsrecht darüber hinaus die Durchführung einer außerplanmäßigen Abschreibung auf den niedrigeren Wert.[149]

Dem Niederstwertprinzip des Handelsrechts, das eben diese Wertbeilegung im Falle einer voraussichtlich dauernden Wertminderung fordert, folgt aber auch das Wertaufhellungsgebot nach § 253 Abs. 5 HGB. Bei Entfallen der Gründe für den niedrigeren Wertansatz darf dieser Wertansatz also handelsrechtlich nicht beibehalten werden.

146 Vgl. Petersen (2021), Beck'sches Steuerberater-Handbuch 2021/2022, 18. Auflage, zu B. Die Posten des Jahresabschlusses, Rz. 305.

147 Vgl. § 253 Abs. 3 Satz 1 HGB.

148 Vgl. Petersen (2021), Beck'sches Steuerberater-Handbuch 2021/2022, 18. Auflage, zu B. Die Posten des Jahresabschlusses, Rz. 310.

149 Vgl. § 253 Abs. 3 Satz 5 HGB.

WICHTIG

Außerplanmäßige Abschreibungen zu geltend gemachten Installations- und Fundamentierungskosten sind auch immer dann vorzunehmen, wenn eine Maschine oder Anlage lediglich innerbetrieblich umgesetzt (Abbau und Neuaufbau an anderer Stelle) wird. Die mit der Neuinstallation verbundenen Aufwendungen sind in diesem Fall entsprechend neu zu aktivieren, die Restbuchwerte zu den Altaufwendungen im Rahmen der außerplanmäßigen Abschreibung geltend zu machen.

Auch bei den technischen Anlagen und Maschinen folgt das Steuerrecht den Bewertungsgrundsätzen des Handelsrechts über die Maßgeblichkeit und erfordert einen Bilanzansatz der Wirtschaftsgüter im Zeitpunkt ihrer Lieferung oder Fertigstellung und mithin betrieblichen Nutzungsfähigkeit zu ihren Anschaffungs- und Herstellungskosten einschließlich aller Nebenkosten und Minderungen. Darüber hinaus ist für die Steuerbilanz aber auch zu prüfen, ob ggf. Investitionszulagen oder -zuschüsse oder Rücklagen für Ersatzbeschaffungen in Anspruch genommen wurden und für die Ermittlung der Anschaffungskosten zu berücksichtigen sind. Die Ausübung solcher oder ähnlicher steuerlicher Wahlrechte kann regelmäßig das Auseinanderfallen des handelsrechtlichen und steuerrechtlichen Bilanzansatzes haben und erlaubt dem bilanzierenden Unternehmer so einen Gestaltungsspielraum je nach Rechnungslegungszweck der Bilanz.

Aber auch in der Folgebewertung kann es regelmäßig zu einem abweichenden Bilanzansatz für die technischen Anlagen und Maschinen in der Steuerbilanz kommen. Begründet ist dies vor allem darin: Auch das Steuerrecht stellt für die zwingend durchzuführende planmäßige Absetzung für Abnutzung auf die Nutzungsdauer des Wirtschaftsgutes ab. Hierbei ausschlaggebend ist im Steuerrecht jedoch die technische Nutzungsdauer des Wirtschaftsgutes. Diese haben auch Eingang gefunden in die vom Bundesamt für Finanzen amtlich vorgegebene Abschreibungstabelle für allgemein verwendbare Wirtschaftsgüter (kurz: AfA-Tabelle)[150], die maßgeblich für die Wahl der Nutzungsdauer im Rahmen der AfA-Ermittlung ist.

HINWEIS

Darüber hinaus sind auch ergänzend amtliche AfA-Tabellen für verschiedene Wirtschaftszweige durch das Bundesamt für Finanzen erlassen worden, z. B.

- AfA-Tabelle für den Wirtschaftszweig »Brauereien und Mälzereien«
- AfA-Tabelle für den Wirtschaftszweig »Baugewerbe«
- AfA-Tabelle für den Wirtschaftszweig »Bekleidungsindustrie«

150 Vgl. BMF-Schreiben vom 15.12.2000, IV D 2-S 1551-188/00, B/2-2-337/2000-S 1551 A, S 1551-88/00.

Des Weiteren besteht nach dem Steuerrecht nicht die Möglichkeit der Anwendung der degressiven Absetzung für Abnutzung eines Wirtschaftsgutes. Maßgeblich ist hier vor allem die gleichförmige lineare Absetzung für Abnutzung.

HINWEIS

Zur Stärkung der Wirtschaft im Zuge der wirtschaftlichen Folgen der Corona-Pandemie hatte der Gesetzgeber für einen begrenzten Zeitraum nach dem 31.12.2019 und vor dem 1.1.2023 die degressive Absetzung für Abnutzung bei beweglichen Wirtschaftsgütern des Anlagevermögens zugelassen (§7 Abs. 2 EStG). Für in dieser Zeit erfolgten Neuanschaffungen hatten bilanzierende Unternehmen das Wahlrecht zur Absetzung für Abnutzung in fallenden Beträgen bei Ansatz von bis zu 25% des Buchwertes, max. das 2,5-fache der linearen Absetzung für Abnutzung.

Eine Leistungsabschreibung hingegen sieht auch das Steuerrecht als Möglichkeit der Absetzung für Abnutzung bei beweglichen Wirtschaftsgütern vor, soweit die wirtschaftlich begründet ist und der Steuerpflichtige einen Nachweis über den auf das einzelne Jahr entfallenden Leistungsumfang erbringt.[151] Abweichend vom Handelsrecht erlaubt §7g Abs. 5 EStG kleinen und mittelgroßen Betrieben unter bestimmten Voraussetzungen darüber hinaus für die Investition in abnutzbare bewegliche Wirtschaftsgüter die Geltendmachung einer Sonderabschreibung im Jahr der Anschaffung und den 4 darauffolgenden Wirtschaftsjahren von bis zu 20% insgesamt.

Bei Bestehen einer voraussichtlich dauerhaften Wertminderung erlaubt auch das Steuerrecht die Absetzung aufgrund außergewöhnlicher technischer oder wirtschaftlicher Abnutzung der Wirtschaftsgüter auf den niedrigeren Teilwert[152]. Während hier ein Wahlrecht der handelsrechtlichen Abwertungspflicht bei voraussichtlich dauerhafter Wertminderung gegenübersteht, ist dem Handels- und Steuerrecht das Wertaufholungsgebot hingegen gemein.[153]

2.2.2.3 SONDERFÄLLE und GESTALTUNG

2.2.2.3.1 Stilllegung als Grund einer außerplanmäßigen Abschreibung

Zu beachten ist, dass regelmäßig eine außerplanmäßige Abschreibung für eine technische Anlage oder Maschine aufgrund von Stilllegung nur durchgeführt werden darf, wenn die Stilllegung endgültig ist. Die lediglich vorübergehende Stilllegung, z.B. wegen geringerer Kapazitätsauslastung der Maschine, begründet hingegen noch keine

151 Vgl. §7 Abs. 1 Satz 6 EstG.
152 Vgl. §6 Abs. 1 Nr. 1 Satz 2 EstG.
153 Vgl. §6 Abs. 1 Nr. 1 Satz 4 EstG.

außerplanmäßige Abschreibung. Diese Vermögensgegenstände sind vielmehr weiterhin im Rahmen der planmäßigen Abschreibung zu berücksichtigen. Gleiches gilt auch für die eingeschränkte Nutzung von technischen Anlagen und Maschinen.[154]

2.2.2.3.2 Gestaltungsmittel Fremdkapitalzins

Wie bereits im Zusammenhang mit Grundstücken zu den Sonderfällen in Kapitel 2.2.1.3.2 dargestellt, obliegt dem bilanzierenden Unternehmen die Möglichkeit im Rahmen einer Bewertungshilfe Fremdkapitalzinsen zu aktivieren und sie damit zu fiktiven Herstellungskosten zu machen. Wird dieses handelsrechtliche Wahlrecht nach § 255 Abs. 3 HGB ausgeübt, ist die Aktivierung der Fremdkapitalzinsen im Rahmen der Herstellungskosten für das Steuerrecht zwingend vorzunehmen (§ 5 Abs. 1 Satz 1 HS 1 EStG). Voraussetzung für die Aktivierung ist grundsätzlich:

- Der Anfall der Finanzierungsaufwendungen steht in einem unmittelbaren wirtschaftlichen Zusammenhang mit der Herstellung eines Anlagegutes und
- die Aktivierung begrenzt sich auf die im Herstellungszeitraum anfallenden Fremdkapitalzinsen.

Eben dieses handelsrechtliche Wahlrecht gibt dem bilanzierenden Unternehmen vielfachen Gestaltungsspielraum im Rahmen der Rechnungslegung. Nicht nur, dass durch die Berücksichtigung der im Allgemeinen als Betriebsausgaben anzusetzenden Fremdkapitalzinsen als Herstellungskosten eines Anlagegutes die Betriebsausgaben des Unternehmens mindern und damit der handels- wie auch steuerliche Gewinn im Jahr ihres Anfalls erhöhen lassen.

Auch sind den Herstellungskosten zugewiesene Fremdkapitalzinsen nicht nach § 8a KStG, § 8 Nr. 1 GewStG, § 4 Abs. 4a EStG und § 4h EStG hinzuzurechnen.

Insbesondere für all jene Unternehmen, die sich aufgrund eines hohen jährlichen Anfalls von hinzuzurechnenden Zinsen mit gewinnerhöhenden steuerlichen Hinzurechnungen konfrontiert sehen, bietet die Umgliederung damit die Möglichkeit einer Senkung dieser Hinzurechnungen.

154 Vgl. Petersen (2021), Beck'sches Steuerberater-Handbuch 2021/2022, 18. Auflage, zu B. Die Posten des Jahresabschlusses, Rz. 309.

2.2.3 Andere Anlagen, Betriebs- und Geschäftsausstattung

2.2.3.1 Bilanzierung im Handelsrecht und Steuerrecht

Während die Bilanzposition der technischen Anlagen und Maschinen die Vermögensgegenstände ausweist, die vorrangig dem Produktionsbetrieb dienen, stellt die Bilanzposition der Anderen Anlagen, Betriebs- und Geschäftsausstattung vielmehr einen Ausweis-Sammelposten dar. In dieser Position werden sowohl technisch als auch kaufmännisch notwendige Ausstattungsgegenstände des Unternehmens zusammengefasst, die dazu bestimmt sind, dem Geschäftsbetrieb dauernd zu dienen. Hierzu gehören z. B.:

Andere Anlage	Gegenstände, die nicht den anderen Bilanzpositionen zu zuordnen sind und vor allem nicht den Technischen Anlagen und Maschinen sowie den Grundstücken und Gebäuden
Betriebsausstattung	• Lkw • Modelle • Lokomotiven • Boote
Geschäftsausstattung	• Mobiliar • Telefon-/EDV-Anlagen • Ladeneinrichtungen • Pkw

Für die Vermögensgegenstände Andere Anlage, Betriebs- und Geschäftsausstattung greifen ebenfalls die allgemeinen Bilanzierungspflichten des Handels- und Steuerrechts. D. h. sind die Gegenstände dazu bestimmt dem Geschäftsbetrieb dauernd zu dienen, sind sie zwingend in der Bilanz des Unternehmers auszuweisen (Aktivierungspflicht, § 247 HGB, § 5 Abs. 1 EStG). Auch hier ist für den notwendigen Bilanzausweis in erster Linie auf die wirtschaftliche Zuordenbarkeit der Vermögensgegenstände zum bilanzierenden Unternehmen abgestellt, statt der zivilrechtlichen Zuordnung.

2.2.3.2 Bewertung im Handelsrecht und Steuerrecht

Ebenfalls anzuwenden sind die allgemeinen Bewertungsgrundsätze des Handels- und Steuerrechts (siehe auch Kapitel 2.2.2 »Technische Anlagen und Maschinen«) auch auf die Vermögensgegenstände der Anderen Anlagen, Betriebs- und Geschäftsausstattung. Demnach gilt auch hier: Der Bilanzansatz erfolgt mit Beginn ihrer betrieblichen Nutzungsfähigkeit regelmäßig mit ihren Anschaffungs- und Herstellungskosten. Hierbei sind alle notwendigen Nebenkosten und auch etwaig erhaltene Minderungen zu berücksichtigen.

In den Folgejahren erfolgt der Bilanzansatz mit den um die planmäßige und – etwaig vorgenommene – außerplanmäßige Abschreibung geminderten Anschaffungs- und Herstellungskosten. Für die planmäßige Abschreibung kann auch hier handelsrechtlich zwischen der degressiven, der linearen und der Abschreibung nach dem Werteverzehr gewählt werden.

Ist zum Abschlussstichtag für die Vermögensgegenstände der Andere Anlagen, Betriebs- und Geschäftsausstattung eine voraussichtlich dauernde Wertminderung gegeben, ist regelmäßig auf den niedrigeren Wert abzuschreiben. Zu beachten ist aber auch hier das Wertaufholungsgebot, soweit die Voraussetzungen für den niedrigeren Wertansatz entfallen sind (§ 253 Abs. 3, 5 HGB).

Nach dem Grundsatz der Maßgeblichkeit folgt das Steuerrecht auch für die Anlagegüter der Andere Anlagen, Betriebs- und Geschäftsausstattung dem Handelsrecht für die Zugangs- und Folgebewertung. Ausnahme ist jedoch auch hier, dass die degressive Abschreibung im Steuerrecht nicht angesetzt werden kann (Ausnahme: Anschaffungen zwischen dem 1.1.2020 bis 31.12.2022). Für das Steuerrecht kann lediglich zwischen der linearen Absetzung für Abnutzung und derer nach Wertverzehr gewählt werden. Wobei bei Ansatz der AfA nach Wertverzehr, die Ermittlung des jährlichen Wertverzehrs durch den bilanzierenden Unternehmer regelmäßig nachzuweisen ist.

Im Übrigen gelten auch hier für die Ermittlung der steuerlichen Nutzungsdauer notwendige Anwendung der amtlichen Nutzungstabellen sowie der mögliche Ansatz einer Sonderabschreibung nach § 7 g EStG für kleine und mittelgroße Betriebe (siehe auch Kapitel 2.2.2.2 Technische Anlagen und Maschinen – Bewertung im Handelsrecht und Steuerrecht).

Auch bei den Andere Anlagen, Betriebs- und Geschäftsausstattung kann der bilanzierende Unternehmer auf den geringeren Teilwert absetzen, soweit eine voraussichtlich dauerhafte Wertminderung vorliegt. Bei Wertaufholung ist jedoch – wie bei den anderen Anlagegütern – zwingend hinzuzuschreiben (§ 6 Abs. 1 Nr. 1 EStG).

Ein weiteres Wahlrecht für den Bewertungsansatz im Handelsrecht findet wohl vor allem aufgrund der Größe und Struktur der im Bereich der Andere Anlage, Betriebs- und Geschäftsausstattung auszuweisenden Vermögensgegenstände vor allem hier Relevanz. Die Rede ist vom Festwertverfahren. Gemäß Handelsrecht besteht für den bilanzierenden Unternehmen ergänzend das Wahlrecht eines Bilanzansatzes mit dem Festwert nach § 240 Abs. 3 HGB. Voraussetzung für die Anwendung des Festwertverfahrens ist:

- Gegenstände des Sachanlagevermögens
- werden regelmäßig erneuert/ersetzt,
- Ihr Wert ist für das Unternehmen von nachrangiger Bedeutung und

- der Bestand unterliegt hinsichtlich seiner Größe, seinem Wert und seiner Zusammensetzung nur geringfügigen Schwankungen.

Dies ist z. B. beim Wäschebestand eines Hotels oder dem Geschirrbestand eines Restaurantbetriebs zumeist der Fall. Sind die vorgenannten Voraussetzungen erfüllt, kann das bilanzierende Unternehmen den Bilanzansatz der Gegenstände mit einem gleichbleibenden Bestand und einem gleichbleibenden Wert in der Bilanz ausweisen (i. d. R. ca. 40-50 % der Anschaffungs-/Herstellungskosten). Bei Wahl des Festwertansatzes sind beim Erstzugang der Vermögensgegenstände diese mit ihren vollen Anschaffungs- und Herstellungskosten zu aktivieren und in der Folge solange planmäßig abzuschreiben, bis der ermittelte Durchschnittswert erreicht ist. Anschließend wird dann der Durchschnittswert ohne weitere planmäßige Abschreibung fortgeführt.

WICHTIG

Für die Bilanzierung nach dem Festwertverfahren ist zwingend alle 3 Jahre eine Inventur der Vermögensgegenstände durchzuführen und die tatsächliche Zusammensetzung der Vermögensgegenstände zu prüfen (§ 240 Abs. 3 Satz 2 HGB, EStR 5.4 Abs. 3 Satz 1)

Zu beachten ist, dass im Rahmen einer Festwertbewertung eine außerplanmäßige Abschreibung aufgrund gesunkener Marktpreise nur dann zum Tragen kommt, wenn diese von voraussichtlich dauernder Wertminderung ist.[155]

Sofern der bilanzierende Unternehmer für den handelsrechtlichen Wertansatz das Festwertverfahren wählt, ist dieser Ansatz steuerlich zwingend zu übernehmen. Gemäß der Literatur sind auch für den steuerrechtlichen Wertansatz zunächst planmäßige Abschreibungen vorzunehmen.

WICHTIG

Der Ansatz von Sonderabschreibungen ist bei Anwendung der Festwertbewertung ausgeschlossen.[156]

Sofern sich bei späterer Inventur eine Abweichung vom bisher gewählten Festwert von mehr als 10 % ergibt ist nach EStR 5.4 Abs. 3 Satz 3 eine Wertzuschreibung vorzunehmen.

Eine weitere Besonderheit im Rahmen der steuerrechtlichen Abschreibung ist der Ansatz der Anlagegüter als Geringwertiges Wirtschaftsgut. Dieser Ansatz findet ebenfalls – vor allem Strukturbedingt – im Wesentlichen erst bei den Anderen Anlagen, Betriebs- und Geschäftsausstattung Anwendung.

155 Petersen (2021), Beck'sches Steuerberater-Handbuch 2021/2022, 18. Auflage, zu B. Die Posten des Jahresabschlusses, Rz. 339.

156 Vgl. Schmidt/Kulosa, EStG, 36. Auflage, § 6 Rn. 614 f. mwN..

Als Geringwertiges Wirtschaftsgut ausweisbar sind

- bewegliche Anlagegüter,
- die in einem gesonderten Verzeichnis aufgeführt und
- zu einer selbstständigen Nutzung fähig sind.

Für diese Wirtschaftsgüter sieht das Steuerrecht die Möglichkeit der Bewertung als geringwertiges Wirtschaftsgut (GWG) oder als Sammelposten-GWG vor. Wesentlicher Unterschied ist die mögliche Sofortabschreibung für die GWG und der Ansatz einer festen Nutzungsdauer von 5 Jahren für den Sammelposte-GWG. Gemäß der vorliegenden Literatur bestehen regelmäßig keine Bedenken die steuerlichen Vereinfachungsregelungen zu den geringwertigen Wirtschaftsgütern und Sammelposten-GWG für die Handelsbilanz zu übernehmen. Unerwartete Wertminderungen von Dauer sind auch hier über die außerplanmäßige Abschreibung zu berücksichtigen.

Dem bilanzierenden Unternehmer eröffnen sich also vor allem 3 Möglichkeiten der Beurteilung der Abschreibung beweglicher und selbstständig nutzbarer Anlagegüter:

Wert	Abschreibung
AK/HK < EUR 250 netto	Ansatz als sofort abzugsfähige Betriebsausgabe im Jahr der Anschaffung/Herstellung ohne Aufnahme in ein gesondertes Verzeichnis
AK/HK > EUR 250 und < EUR 800 netto	Ansatz als GWG, d. f. Sofortabschreibung im Jahr der Anschaffung/Herstellung mit Aufnahme in ein gesondertes Verzeichnis, § 6 Abs 2 EStG
AK/HK > EUR 250 und < EUR 1.000 netto	Ansatz als Sammelposten-GWG, d. f. lineare Abschreibung zu je 1/5 im Jahr der Anschaffung/Herstellung und den 4 darauffolgenden Jahren (sog. Poolabschreibung) bei Aufnahme in ein gesondertes Verzeichnis, § 6 Abs. 2a EStG

WICHTIG

Für die Anwendung der Abschreibung geringwertiger Wirtschaftsgüter gilt zu beachten, dass der bilanzierende Unternehmer seine Wahl jährlich einheitlich für alle in Frage kommenden Wirtschaftsgüter treffen muss. Es ist hier immer nur die Anwendung des § 6 Abs. 2 EStG (GWG) oder aber die des § 6 Abs. 2a EStG (Sammelposten) möglich. Eine zeitgleiche Wahl beider Wertermittlungsmethoden ist ausgeschlossen.

2.2.3.3 SONDERFÄLLE und GESTALTUNG

2.2.3.3.1 Gestaltung durch Anwendung des GWG-Wahlrecht[157]

Die Investitionen im Niedrigpreisbereich sollte regelmäßig vor dem nächsten Jahreswechsel durch den Unternehmer geplant werden, um einen optimalen Bilanzausweis zu erzielen.

- Die Einstellung in einen Sammelposten kann sich z. B. bei Anschaffung von Büromöbeln lohnen, wenn der Wert des einzelnen (selbstständig nutzbaren) Teils mehr als EUR 800, aber nicht mehr als EUR 1.000 EUR netto beträgt. So kann die regelmäßige Abschreibungsdauer von 13 auf 5 Jahre verkürzt werden.
- Wenig sinnvoll ist die Einstellung von Sammelposten, wenn viele Wirtschaftsgüter mit Anschaffungskosten zwischen 250 und 800 EUR angeschafft wurden. Hier sollte bei Anwendung des Sammelposten geprüft werden, ob die Wirtschaftsgüter mit AK/HK bis maximal EUR 800 erst im Folgejahr angeschafft werden können, um dann die Sofortabschreibung zu nutzen.

a) Beispiel einer Vergleichsrechnung für die Auswahl:

Hieronymus schafft im Jahr 01 selbstständig nutzbare Wirtschaftsgüter des Anlagevermögens an, die sich wertmäßig wie folgt verteilen:

• Wirtschaftsgüter mit Anschaffungskosten bis 250 EUR (netto)	1.950 EUR
• Wirtschaftsgüter zwischen 250 und 800 EUR (netto)	2.120 EUR
• Notebook für netto	900 EUR

Hieronymus wünscht einen geringstmöglichen Gewinn im Jahresabschluss. Daher ist für ihn die Anwendung der Sofortabschreibung GWG sinnvoll, denn:

- 1.950 EUR bereits bei der Anschaffung als Aufwand gebucht wurden,
- 2.120 EUR im Rahmen der Sofortabschreibung (Variante bis 800 EUR) und
- 900 EUR für das Notebook über 3 Jahre (handelsrechtlich) und über 1 Jahr (steuerlich) abgeschrieben werden (statt über 5 Jahre im Sammelposten).

b) 2. Beispiel einer Vergleichsrechnung mit Gewinnauswirkung

Hieronymus hat im Jahr 01 selbstständig nutzbare Wirtschaftsgüter des Anlagevermögens angeschafft, die sich wertmäßig wie folgt verteilen:

• Wirtschaftsgüter mit Anschaffungskosten bis 250 EUR (netto)	1.950 EUR
• Wirtschaftsgüter zwischen 250 und 800 EUR (netto)	520 EUR
• Wirtschaftsgüter (Büromöbel) zwischen 800 und1.000 EUR	8.580 EUR

157 Vgl. Bramburger/Krudewig (2021); Haufe Finance Office Professional online, Haufe KABC Kontierungslexikon, HI2907456

Die Unterschiede bei der Gewinnauswirkung durch die Abschreibungsbeträge sehen je nach Ausübung des Wahlrechtes wie folgt aus:

	Wahl des Sammelposten	Wahl der GWG	Unterschied zur 2. Variante
Wirtschaftsgüter mit Anschaffungskosten bis 250 EUR (netto)	1.950,00 EUR	1.950,00 EUR	0,00 EUR
Geringwertige Wirtschaftsgüter	104,00 EUR	520,00 EUR	- 416,00 EUR
Wirtschaftsgüter (Büromöbel, 13 J. ND) zwischen 800 und 1.000 EUR (8.580 EUR)	1.716,00 EUR	660,00 EUR	+ 1.056,00 EUR
Notebook für 900 EUR	180,00 EUR	300,00 EUR	- 120,00 EUR
Gesamtergebnis			520,00 EUR

Tab. 15: Gewinnauswirkung durch die Abschreibungsbeträge je nach Ausübung des Wahlrechtes

Ergebnis: Die Anwendung des Sammelposten-GwG ist in diesem Beispiel um 520 EUR vorteilhafter. Im Rahmen des Jahresabschlusses sollte deshalb diese Variante gewählt werden. Für Neuanschaffungen im Folgejahr kann das Wahlrecht wieder neu ausgeübt werden.

2.2.3.3.2 BMF gibt neue Gestaltungsmöglichkeiten im Steuerrecht für Computerhardware und Software

Mit dem Erlass eines neuen BMF-Schreibens[158] hat die Finanzverwaltung mit Wirkung zum 1.1.2021 die Nutzungsdauer für Computerhardware und Software steuerrechtlich von bislang 3 Jahren auf nunmehr 1 Jahr abgesenkt. Von den Änderungen betroffen sind sowohl Hardwareprodukte wie Stand-PCs, Notebooks und Drucker als auch immaterielle Wirtschaftsgüter der »Betriebs- und Anwendersoftware«. Die verkürzte Nutzungsdauer kann regelmäßig für alle Gewinnermittlungen angewandt werden, bei denen das Wirtschaftsjahr nach dem 31.12.2020 endet.

Unter Berücksichtigung der Regelungen des § 7 Abs. 1 S. 1 EStG sieht die Finanzverwaltung es hier auch im Rahmen der Vereinfachung als möglich an, für unter das BMF-Schreiben fallende Computerhardware und Software künftig einen vollständigen Sofortabzug im Jahr der Anschaffung vorzunehmen, auch wenn die Anschaffung erst im zweiten Halbjahr erfolgt. Für bilanzierende Unternehmer eröffnen sich durch

158 Vgl. BMF-Schreiben vom 22.02.2022, IV C 3 – S 2190/21/10002 :025.

diese Regelung vielfache Gestaltungsmöglichkeiten im Rahmen der Überschussoptimierung. So ist die Anwendung dieser Vereinfachungsmöglichkeit insbesondere zur Senkung des steuerlichen Gewinns sinnvoll. Aber auch in Kombination mit den Sammelposten-GWG versus GWG ergeben sich neue Möglichkeiten, da Notebooks und Co. nicht mehr diesem Bereich zugeordnet werden müssen, sondern über die neue steuerliche Nutzungsdauer direkt der kurzen Betrachtung unterliegen. Die der Neuregelung unterliegenden Wirtschaftsgüter aus dem Bereich Hardware und Software sind im vorgenannten BMF-Schreiben abschließend aufgezählt, hierzu gehören auch Peripheriegeräte.

Wichtig ist dennoch bei der Betrachtung: Das BMF-Schreiben gilt ausschließlich für die Anwendung in der Steuerbilanz. Eine Übernahme der verkürzten Nutzungsdauer für die Handelsbilanz ist ausgeschlossen und führt damit künftig zu einem Auseinanderfallen der Wertansätze zwischen Handels- und Steuerbilanz.

2.2.4 Geleistete Anzahlungen und Anlagen im Bau

2.2.4.1 Bilanzierung im Handelsrecht und Steuerrecht

Insbesondere die Anschaffung und Herstellung großer Vermögensgegenstände erfordert oftmals einen erhöhten Zeitaufwand und/oder auch die Zahlung von Anzahlungen an den liefernden Vertragspartner. Die Vorausleistung des Unternehmers für den Erwerb oder die Herstellung von Gegenständen des Sachanlagevermögens ist handelsrechtlich zwingend zu aktivieren, soweit sie bis zum Bilanzstichtag tatsächlich erbracht wurde. Es wird hierbei zwischen den geleisteten Anzahlungen und den Anlagen im Bau unterschieden. Wesentliches Kennzeichen der geleisteten Anzahlungen ist, dass diese für eine durch einen Dritten zu erbringende Lieferung oder Leistung anfallen. Sie stellen damit eine Leistung im Rahmen eines schwebenden Geschäftes dar und sind als solche regelmäßig zu aktivieren. Dies auch unabhängig davon, ob der Gegenstand des Rechtsgeschäftes künftig tatsächlich aktivierbar ist oder nicht.

WICHTIG

Das reine Eingehen der Verbindlichkeit zur Anzahlung stellt hingegen keinen zu bilanzierenden Posten dar.

Von den geleisteten Anzahlungen sind hingegen die Aufwendungen für Anlagen im Bau zu unterscheiden, bei denen es sich um Aufwendungen für am Bilanzstichtag noch nicht fertiggestellte Vermögensgegenstände handelt. Bei den Anlagen im Bau sind neben den Fremdleistungen auch alle Eigenleistungen für den bilanzrechtlich notwendigen Ausweis zu berücksichtigen sind. Sowohl für die geleisteten Anzahlungen als auch für den Ausweis von Anlagen im Bau folgt das Steuerrecht dem Handelsrecht über den Grundsatz der Maßgeblichkeit und macht eine Aktivierung zum Bilanzstichtag verpflichtend[159].

2.2.4.2 Bewertung im Handelsrecht und Steuerrecht

Handels- und auch steuerrechtlich erfolgt der Bilanzansatz der Geleisteten Anzahlungen mit dem Nennwert der tatsächlich bis zum Bilanzstichtag erfolgten Zahlungen, soweit eine Lieferung oder Leistung seitens des Dritten noch nicht vollständig erbracht wurde.

Für die Anlagen im Bau ist auf die aktivierungspflichtigen Anschaffungs- und Herstellungskosten abzustellen, die bis zum Bilanzstichtag sowohl als Fremdkosten als auch als Eigenkosten angefallen sind.

Während die Geltendmachung planmäßiger Abschreibungen mangels tatsächlichem Nutzungsbeginn sowohl für Geleistete Anzahlungen als auch Anlagen im Bau regelmäßig handels- wie steuerrechtlich ausgeschlossen ist, fordert das Handelsrecht die Inanspruchnahme von außerplanmäßigen Abschreibungen (§ 255 Abs. 3 HGB). So ist eine außerplanmäßige Abschreibung z. B. aufgrund eines gefallenen Stichtagskurses bei Fremdwährungsverbindlichkeiten möglich.[160] Auch für die Geleisteten Anzahlungen und Anlagen im Bau ist hierbei aber das Wertaufholungsgebot nach § 253 Abs. 5 HGB zu beachten, soweit die Voraussetzungen für die außerplanmäßige Abschreibung entfallen. Steuerrechtlich ist eine Teilwertabschreibung regelmäßig vorzunehmen, wenn davon auszugehen ist, dass eine Gegenleistung auf die geleisteten Anzahlungen nicht mehr erwartet werden kann.[161]

HINWEIS

Die außerplanmäßige Abschreibung aufgrund bekannter Wertminderungen des in Arbeit befindlichen Vermögensgegenstandes ist hingegen nicht zulässig, sie ist vielmehr im Rahmen einer Drohverlustrückstellung darzustellen.[162]

---

159 Vgl. § 5 Abs. 1 S. 1, § 6 Abs. 1 Nr. 2 EstG.

160 Vgl. Petersen (2021), Beck'sches Steuerberater-Handbuch 2021/2022, 18. Auflage, zu B. Die Posten des Jahresabschlusses, Rz. 354.

161 Vgl. Petersen (2021), Beck'sches Steuerberater-Handbuch 2021/2022, 18. Auflage, zu B. Die Posten des Jahresabschlusses, Rz. 360; Schmidt/Kulosa EStG § 6 Rn. 140 »Anzahlungen« mwN..

162 Vgl. Schuber/Andrejewski/Kreher (2020), Beck'scher Bilanzkommentar, 12. Auflage, zu § 253, Rz. 457.

2.2.4.3 SONDERFÄLLE und GESTALTUNG

2.2.4.3.1 Zugänge von Geleisteten Anzahlungen – Netto- vs. Bruttomethode

Das Handelsrecht unterscheidet für den Ausweis die Nettomethode von der Bruttomethode. Wesentlicher Unterschied ist, dass im Rahmen der Nettomethode nur die Anzahlungen als geleistete Anzahlung ausgewiesen werden, bei denen bis zum Bilanzstichtag keine Lieferung oder Leistung durch den beauftragten Dritten erfolgten. Bei der Bruttomethode hingegen werden unterjährig alle Aufwendungen als geleistete Anzahlungen ausgewiesen unabhängig vom Erfüllungsstand zum Bilanzstichtag. Zum Bilanzstichtag erfolgen dann – bei beiden Methoden – die entsprechenden Umbuchungen zu den im Geschäftsjahr abgeschlossenen Geschäften. Aus Gründen der Übersichtlichkeit wird der Nettomethode in der Praxis regelmäßig der Vorzug gegeben.

2.2.4.3.2 Gestaltung im Rahmen der Anlagen im Bau

Da für die Anlagen im Bau regelmäßig auf die aktivierungsfähigen Anschaffungs- und Herstellungskosten abzustellen ist, hat der bilanzierende Unternehmer bereits hier die Möglichkeit, dass hinsichtlich der Bewertungshilfe zur Aktivierung von Fremdkapitalzinsen das Wahlrecht auszuüben, soweit diese im unmittelbaren Zusammenhang mit der Herstellung stehen. Wird von dem handelsrechtlichen Aktivierungswahlrecht Gebrauch gemacht, folgt diesem Ansatz das steuerliche Aktivierungsgebot (§ 5 Abs. 1 Satz 1 HS 1 EStG).[163]

2.3 Finanzanlagen

Nach § 266 Abs. 1 Satz 3 HGB können kleine Kapitalgesellschaften und Personengesellschaften, die ausschließlich eine Kapitalgesellschaft als Vollhafter eingesetzt haben (sog. KapCo-Gesellschaften), Personenhandelsgesellschaften, die nicht nach § 264a HGB verpflichtet sind, sowie Einzelunternehmen auf die Untergliederung des Finanzanlagevermögens verzichten. Diese Gesellschaften können ihr Finanzanlagevermögen in einer Bilanzposition zusammenfassen. Bei Kleinstkapitalgesellschaften im Sinne des § 267a HGB braucht die Bilanz nur verkürzt aufgestellt werden, sodass Anlagevermögen und Umlaufvermögen in einer Bilanzposition dargestellt wird. Für mittelgroße und große Kapitalgesellschaften und Personengesellschaften, die ausschließlich eine Kapitalgesellschaft als Vollhafter eingesetzt haben, ist folgendes

163 Siehe auch Kapitel 3.2.1.3.2 Sonderfälle und Gestaltung zu Grundstücke.

Gliederungsschema für das Finanzanlagevermögen gem. § 266 Abs. 2 A. III gesetzlich vorgeschrieben:

> III Finanzanlagen
> 1. Anteile an verbundenen Unternehmen;
> 2. Ausleihungen an verbundenen Unternehmen;
> 3. Beteiligungen;
> 4. Ausleihungen an Unternehmen, mit denen ein Beteiligungsverhältnis besteht;
> 5. Wertpapiere des Anlagevermögens;
> 6. Sonstige Ausleihungen
>
> § 266 Abs. 2 A. III HGB

Die Zuordnung zum Anlagevermögen ist handelsrechtlich sowie steuerrechtlich davon abhängig, ob die Finanzanlagen dauerhaft dem Unternehmen dienen sollen oder nicht. Für die Beurteilung der Dauerhaftigkeit ist jeweils vom Bilanzstichtag auszugehen.[164]

2.3.1 Anteile an verbundenen Unternehmen

2.3.1.1 Bilanzierung im Handelsrecht und Steuerrecht

Um zu wissen, welche Anteile unter dieser Bilanzposition bilanziert werden dürfen, muss der Begriff des »verbundenen Unternehmens« geklärt werden. Das verbundene Unternehmen wird gem. § 271 Abs. 2 HGB wie folgt definiert:

> Verbundene Unternehmen im Sinne dieses Buches sind solche Unternehmen, die als Mutter- oder Tochterunternehmen (§ 290) in den Konzernabschluß eines Mutterunternehmens nach den Vorschriften über die Vollkonsolidierung einzubeziehen sind, das als oberstes Mutterunternehmen den am weitestgehenden Konzernabschluß nach dem Zweiten Unterabschnitt aufzustellen hat, auch wenn die Aufstellung unterbleibt, oder das einen befreienden Konzernabschluß nach den §§ 291 oder 292 aufstellt oder aufstellen könnte; Tochterunternehmen, die nach § 296 nicht einbezogen werden, sind ebenfalls verbundene Unternehmen.
>
> § 271 Abs. 2 HGB

Kurz gesagt: alle Unternehmen, die in einen Konzernabschluss einbezogen werden, sind verbundene Unternehmen.

---

164 BFH-Urteil vom 31.3.1977 BStBl II, 684.

Achtung: Unterschied zur aktienrechtlichen Definition

Die handelsrechtliche Definition eines verbundenen Unternehmens unterscheidet sich von der aktienrechtlichen Definition. Das Aktiengesetz definiert in § 15 AktG verbundene Unternehmen als rechtlich selbstständige Unternehmen, die im Verhältnis zueinander in Mehrheitsbesitz stehende Unternehmen und mit Mehrheit beteiligte Unternehmen abhängige und herrschende Unternehmen, Konzernunternehmen, wechselseitig beteiligte Unternehmen oder Vertragsteile eines Unternehmensvertrages sind.

Entsprechend der handelsrechtlichen Definition eines verbundenen Unternehmens fallen hierunter das Mutterunternehmen sowie alle inländischen und ausländischen Tochterunternehmen. Sie gelten selbst unabhängig davon, ob sie tatsächlich in den Konzernabschluss einbezogen werden oder nicht als verbundene Unternehmen. Ob sie in einen Konzernabschluss einbezogen werden oder nicht richtet sich nach dem Einbeziehungswahlrecht gem. § 296 HGB.

Sind die Anteile an verbundenen Unternehmen dazu bestimmt dem Betrieb auf Dauer zu dienen, erfolgt eine Bilanzierung im Anlagevermögen der Gesellschaft, die die Anteile hält. Es wird regelmäßig auf den Status der Anteile am Bilanzstichtag abgestellt. Ändert sich die »Verbundenheit« der Anteile zwischen zwei Bilanzstichtagen, ist eine Beteiligung zu aktivieren bzw. die Bilanzposition entsprechend umzugliedern. Auf die Rechtsform der Gesellschaft, an der die Anteile gehalten werden, kommt es nicht an. Damit werden sowohl inländische Anteile an verbundenen Unternehmen als auch ausländische Anteile bilanziert.

ACHTUNG: Hierarchie

Ein Ausweis von Anteilen an verbundenen Unternehmen geht einem Ausweis von Anteilen als Beteiligung, Wertpapieren oder sonstigen Ausleihungen immer vor.

Hält eine KapCo-Gesellschaft Anteile an der Komplementärkapitalgesellschaft sind diese Anteile als Anteile an verbundenen Unternehmen, wenn sie über ihre Haftungseigenschaft hinaus eine eigene Unternehmereigenschaft besitzt, mithin einen Geschäftsbetrieb besitzt und selbstständig am allgemeinen wirtschaftlichen Verkehr teilnimmt. Darüber hinaus lassen sich folgende Anteile unter der Bilanzposition »Anteile an verbundenen Unternehmen« subsumieren (keine abschließende Aufzählung):

- Aktien an Kommanditgesellschaften auf Aktien (KGaA),
- Aktienanteile an Aktiengesellschaften (AG),
- Einlagen von Kommanditisten,
- Genossenschaftsanteile,
- Kapitaleinlagen von persönlich haftenden Gesellschaftern.

Das Steuerrecht kennt die Unterscheidung des Handelsrechts zwischen Anteilen an verbundenen Unternehmen und Beteiligungen nicht. Da das Steuerrecht keine eigene Bilanzpostengliederung zur Verfügung stellt, folgt sie der handelsrechtlichen Gliederung.

2.3.1.2 Bewertung im Handelsrecht und Steuerrecht

Die Anteile an verbundenen Unternehmen sind mit ihren Anschaffungskosten gem. § 255 HGB in der Handelsbilanz zu aktivieren. Gem. § 6 Abs. 1 Nr. 2 EStG gilt auch im Steuerrecht der Anschaffungskostengrundsatz im Rahmen der Zugangsbewertung. Auf die detaillierte Bewertung gehen wir unter dem Gliederungspunkt »Beteiligungen« ein. Diese Grundlagen sind für die Anteile an verbundenen Unternehmen ebenso anzuwenden. Bei den Finanzanlagen und damit auch Anteilen an verbundenen Unternehmen handelt es sich um nicht abnutzbare Vermögensgegenstände. Sie unterliegen deshalb keiner planmäßigen Abschreibung.

2.3.2 Ausleihungen an verbundene Unternehmen

2.3.2.1 Bilanzierung im Handelsrecht und Steuerrecht

Unter den Ausleihungen an verbundenen Unternehmen sind alle langfristigen Kapitalforderungen gegenüber Unternehmen, die die Voraussetzungen des § 271 Abs. 2 HGB erfüllen, zu verstehen. Der Ausweis der Ausleihungen an verbundenen Unternehmen im Anlagevermögen richtet sich nach der Definition des § 247 Abs. 2 HGB. Von einer Ausleihung, die dauernd dem Geschäftsbetrieb dient, kann ausgegangen werden, wenn deren Gesamtlaufzeit mehr als 12 Monate beträgt. Die Höhe der Restlaufzeit am Bilanzstichtag ist dabei irrelevant.

Forderungen aus Lieferungen und Leistungen fallen nicht unter die Ausleihungen, diese sind gesondert unter den Forderungen (Umlaufvermögen) zu bilanzieren. Kommt es jedoch im Rahmen einer Schuldumwandlung von Forderungen aus Lieferungen und Leistungen zu Kapitalforderungen, muss im Zeitpunkt der Novation eine Umbuchung von einer in die andere Bilanzposition vorgenommen werden. Auch wenn die Hauptforderung aus einer Kapitalforderung im Anlagevermögen aktiviert wurde, sind die Forderungen aus Zinsen auf die Kapitalforderung im Umlaufvermögen zu bilanzieren. Nur für den Fall, dass die Zinsforderungen nicht ausgezahlt und stattdessen dem Ausleihungsbetrag zugewiesen werden, erfolgt eine Aktivierung der Zinsen unter den Ausleihungen an verbundenen Unternehmen im Anlagevermögen.[165] Der Ausweis der Ausleihungen an einen GmbH-Gesellschafter hat Vorrang vor dem Ausweis unter den Ausleihungen an verbundene Unternehmen. Sollte die Forderung jedoch auch zu den Ausleihungen an verbundene Unternehmen gehören, ist ein entsprechender Vermerk hierüber vorzunehmen.

165 ADS Rechnungslegung Rn. 77a.

2.3.2.2 Bewertung im Handelsrecht und Steuerrecht

Bezüglich der Ansatzbewertung und der Folgebewertung in der Handels- und Steuerbilanz wird auf die Ausführungen unter den sonstigen Ausleihungen verwiesen. Diese gelten entsprechend.

2.3.3 Beteiligungen

2.3.3.1 Bilanzierung im Handelsrecht und Steuerrecht

Was unter den Beteiligungen zu verstehen ist, ergibt sich aus der Definition des § 271 Abs. 1 HGB:

> Beteiligungen sind Anteile an anderen Unternehmen, die bestimmt sind, dem eigenen Geschäftsbetrieb durch Herstellung einer dauernden Verbindung zu jenen Unternehmen zu dienen. Dabei ist es unerheblich, ob die Anteile in Wertpapieren verbrieft sind oder nicht. Eine Beteiligung wird vermutet, wenn die Anteile an einem Unternehmen insgesamt den fünften Teil des Nennkapitals dieses Unternehmens oder, falls ein Nennkapital nicht vorhanden ist, den fünften Teil der Summe aller Kapitalanteile an diesem Unternehmen überschreiten. Auf die Berechnung ist § 16 Abs. 2 und 4 des Aktiengesetzes entsprechend anzuwenden. Die Mitgliedschaft in einer eingetragenen Genossenschaft gilt nicht als Beteiligung im Sinne dieses Buches.
>
> § 271 Abs. 1 HGB

Entsprechend der gesetzlichen Definition liegt eine Beteiligung vor, wenn zwei Voraussetzungen erfüllt sind:

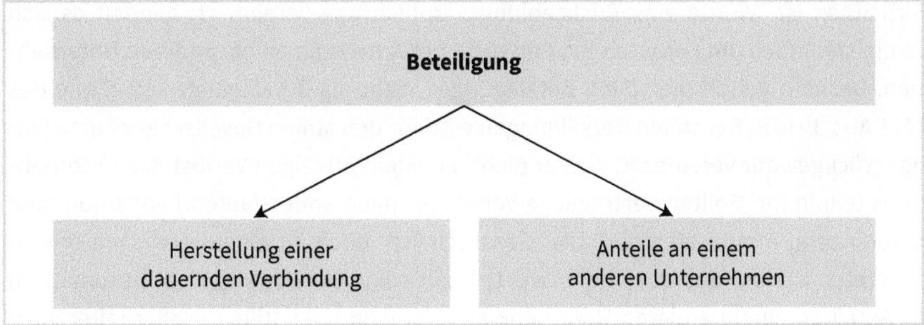

Abb. 2: Beteiligung

Als Anteile an einem anderen Unternehmen kommen grundsätzlich alle Arten von Unternehmensanteilen, also alle inländischen und ausländischen Anteile an Kapitalgesellschaften oder Personengesellschaften in Betracht. Die entscheidende Voraussetzung ist, dass es sich um ein Unternehmen handelt, an dem sich beteiligt wird. Da das Handelsgesetzbuch keine eigene Definition des Unternehmens hat, ist – aus der Praxis und der Literatur abgeleitet – von einem Unternehmen auszugehen, wenn es sich um einen Gewerbebetrieb handelt, der die Kaufmannseigenschaften der §§ 1, 2 HGB erfüllt. Auch bei im Handelsregister eingetragenen Unternehmen gem. §§ 5, 6 HGB liegen Unternehmen vor; auf die ausgeübte Tätigkeit im Rahmen der Unternehmung kommt es hingegen nicht an. Darüber hinaus werden aber auch alle nicht den Gewerbebegriff des HGB oder GewO erfüllenden Wirtschaftseinheiten als Unternehmen angesehen, wenn sie eigenständige Interessen kaufmännischer oder gewerblicher Art mittels einer nach außen in Erscheinung tretenden Organisation verfolgen, wie zum Beispiel land- und forstwirtschaftliche Betriebe, Arge oder freiberufliche Praxen.[166] Auf die Beteiligungshöhe kommt es nicht an. Damit fallen reine Innengesellschaften, Gesellschaften bürgerlichen Rechts, die nur ideelle Zwecke verfolgen und vermögensverwaltende Gesellschaften nicht unter den Unternehmensbegriff für die Definition der Beteiligung gem. § 271 Abs. 1 HGB.

Das Gesetz stellt klar, dass für das Vorliegen einer Beteiligung die Anteile am Unternehmen nicht in Wertpapieren verbrieft sein müssen. Deshalb kommen alle Anteile, die eine wirtschaftliche Teilhabe am Vermögen eines anderen Unternehmens zum Gegenstand haben als Anteile in Betracht. Beispiele hierfür sind:

- Anteile an einer GmbH,
- Anteile an einer Personenhandelsgesellschaft,
- Anteile von Kommanditisten an einer Personengesellschaft,
- atypisch stille Beteiligungen.

Anteile an einem anderen Unternehmen setzt voraus, dass der Anteilseigner dem Unternehmen, an dem er sich beteiligen möchte Kapital überlässt und dieses verbindlich zusagt und keine betragsmäßig bestimmte Verpflichtung zur Rückzahlung vorhanden ist. Wurde eine Rückzahlungsverpflichtung vereinbart, handelt es sich handelsrechtlich um Forderungen und nicht um Anteile an einem anderen Unternehmen. Deshalb gelten die stillen Beteiligungen nicht als Beteiligungen im Sinne des § 271 Abs. 1 HGB. Bei stillen Beteiligungen wird für den stillen Gesellschafter eine Einlagenrückgewähr vereinbart, weil er nicht an einem etwaigen Verlust des Unternehmens teilnimmt. Sollten vertragliche Vereinbarungen anderslautend vorgenommen worden sein, nimmt also der stille Gesellschafter doch an einem etwaigen erwirtschafteten Verlust des Unternehmens teil, gilt seine Beteiligung nicht automatisch als Anteil an einem anderen Unternehmen. Erst wenn der stille Gesellschafter auch Mitspracherechte und Kontrollrechte erhält, kann von einer Beteiligung ausgegan-

166 Grottel/Kreher (2020), Beck`scher Bilanzkommentar, 12. Auflage, zu § 271 Rz. 11.

gen werden. Die Mitsprache- und Kontrollrechte müssen aber mindestes denen eines Kommanditisten entsprechen. Genussrechte fallen genauso wenig wie die typisch stillen Beteiligungen unter den Anteil an einem anderen Unternehmen, weil es sich bei Genussrechten um Gläubigerrechte handelt und sie keine gesellschaftsrechtliche Stellung vermitteln.

Die Herstellung einer dauerhaften Verbindung wird angenommen, wenn die Beteiligung dazu bestimmt ist, dem Geschäftsbetrieb dauernd zu dienen und entspricht damit den Zugangsvoraussetzungen von Vermögensgegenständen des Anlagevermögens. Im Rahmen von Beteiligungen ist damit gemeint, dass eine Dauerhaftigkeit über die bloße Kapitalbeteiligung hinausgegeben sein muss. Neben einer Einflussnahme auf die Geschicke des Unternehmens, an dem die Beteiligung besteht, ergeben sich die Anforderungen an eine Dauerhaftigkeit auch bei folgenden vorliegenden Eigenschaften:

- Eingehen einer Kooperation von Unternehmensbereichen für die Abteilungen Forschung oder Entwicklung,
- langfristige Lieferbeziehungen,
- langfristige Dienstleistungsbeziehungen,
- Austausch von Personal oder
- Vereinbarungen über bestimmte Finanzierungsmöglichkeiten.

	Anlagevermögen	**Umlaufvermögen**
Erwerb der Anteile mit kurzfristiger Veräußerungsabsicht		X
Die kurzfristige Veräußerungsabsicht bleibt bis zum Bilanzstichtag bestehen		X
Die kurzfristige Veräußerungsabsicht besteht am Bilanzstichtag nicht mehr	X	

Tab. 16: Abgrenzung zwischen Anlage- und Umlaufvermögen

Umkehrschluss des § 271 Abs. 1 HGB

Keine Beteiligung im Sinne des § 271 Abs. 1 HGB liegt vor, wenn die Anteile an dem anderen Unternehmen nur kurzfristig gehalten werden sollen oder sie nur als reine Kapitalanlage dienen.

Wird kein nennenswerter Einfluss auf bestehende Lieferbeziehungen angestrebt und dennoch ein Anteil an dem Unternehmen erworben, kann nicht von einer Beteiligung im Sinne des HGB ausgegangen werden. Auch auf die Höhe kommt es hierfür nach § 271 Abs. 1 Sätze 1, 2 HGB nicht an.

Bei den verbrieften Anteilen wird regelmäßig von einer kurzfristigen Veräußerbarkeit ausgegangen. Dennoch können Anzeichen dafür bestehen, dass die Absicht einer kurzfristigen Veräußerung beim Anteilsinhaber nicht bestehen. Bestehen zum Beispiel zwischen dem Unternehmen und dem Anteilseigner betriebsnotwendige Liefer- oder Dienstleistungsbeziehungen kann nicht von einer kurzfristigen Veräußerbarkeit ausgegangen werden. Insbesondere dann nicht, wenn diese betriebsnotwendigen Liefer- oder Dienstleistungsbeziehungen durch eine Veräußerung gefährdet werden würden. Auch spricht gegen die Absicht einer kurzfristigen Veräußerung, wenn der Anteilseigner für das andere Unternehmen eine Haftung übernommen hat, zum Beispiel durch eine Bürgschaft oder eine Patronatserklärung. Liegen solche vor, geht man in der Regel von einer Beteiligung aus.

Bei unverbrieften Anteilen erfordert eine Veräußerung von Anteilen vielfach eine Zustimmung der anderen Anteilseigner. Lässt sich darüber hinaus kein Markt finden, an dem die unverbrieften Anteile gehandelt werden können, liegen dem Grunde nach Beteiligungen des Anlagevermögens vor. Besteht jedoch bereits bei Erwerb der unverbrieften Anteile die Absicht, die Anteile kurzfristig zu veräußern, handelt es sich um Anteile des Umlaufvermögens. Ein in der Praxis häufig auftretender Fall von kurzfristig zur Veräußerung bestimmter unverbriefter Anteile sind Anteile an Publikumspersonengesellschaften.

Die Absicht ist entscheidend

Bestehen erhebliche Zweifel daran, ob Anteile kurzfristig veräußert werden sollen oder nicht, ist auf die Absicht des bilanzierenden Unternehmers abzustellen. Ggf. sollte im Rahmen der erstmaligen Bilanzierung von Anteilen eine interne Absichtserklärung formuliert werden, um das langfristige oder kurzfristige Halten der Anteile zu dokumentieren und die korrekte Bilanzierung vornehmen zu können.

Im Rahmen der Beteiligung einer Komplementär-GmbH an der Kommanditgesellschaft liegt eine Beteiligung vor, auch wenn die Komplementär-GmbH vermögensmäßig nicht an der Kommanditgesellschaft beteiligt ist. Die Verwaltungsrechte, die der Komplementär-GmbH zustehen und ihre Haftungsübernahme für die Kommanditgesellschaft führen zu einer Beteiligung, wenn darüber hinaus auch die dauerhafte Verbindung gegeben ist.[167] Diese Qualifizierung ist wichtig, auch wenn die Komplementär-GmbH keine Anschaffungskosten hat und damit auch keine Bilanzierung der Beteiligung an der Kommanditgesellschaft vorgenommen werden kann. Insbesondere für den Ausweis von Forderungen und Verbindlichkeiten gegenüber der Kommanditgesellschaft müssen bei Vorliegen eines Beteiligungsverhältnisses andere Konten angesprochen werden als bei dem Nichtvorliegen eines Beteiligungsverhältnisses.

167 Grottel/Kreher (2020), Beck`scher Bilanzkommentar, 12. Auflage, Grottel/Kreher zu § 271 Rz. 14.

Forderungen/Verbindlichkeiten gegenüber Unternehmen, mit denen ein Beteiligungsverhältnis besteht		**Forderungen/Verbindlichkeiten gegenüber Unternehmen, mit denen kein Beteiligungsverhältnis besteht**	
SKR 03	SKR 04	SKR 03	SKR 04
Forderungen gegen Unternehmen, mit denen ein Beteiligungsverhältnis besteht			
1470	1280		
Forderungen gegen Unternehmen, mit denen ein Beteiligungsverhältnis besteht, Restlaufzeit bis 1 Jahr			
1471	1281		
Forderungen gegen Unternehmen, mit denen ein Beteiligungsverhältnis besteht, Restlaufzeit größer 1 Jahr			
1475	1285		
Forderungen aus Lieferungen und Leistungen gegen Unternehmen, mit denen ein Beteiligungsverhältnis besteht		Forderungen aus Lieferungen und Leistungen	
1480	1290	1400/1401	1200/1201
Forderungen aus Lieferungen und Leistungen gegen Unternehmen, mit denen ein Beteiligungsverhältnis besteht, Restlaufzeit bis 1 Jahr		Forderungen aus Lieferungen und Leistungen ohne Kontokorrent, Restlaufzeit bis 1 Jahr	
1481	1291	1451	1221
Forderungen aus Lieferungen und Leistungen gegen Unternehmen, mit denen ein Beteiligungsverhältnis besteht, Restlaufzeit größer 1 Jahr		Forderungen aus Lieferungen und Leistungen ohne Kontokorrent, Restlaufzeit größer 1 Jahr	
1485	1295	1455	1225
Verbindlichkeiten gegenüber Unternehmen, mit denen ein Beteiligungsverhältnis besteht			
715	3450		
Verbindlichkeiten gegenüber Unternehmen, mit denen ein Beteiligungsverhältnis besteht, Restlaufzeit bis 1 Jahr			
716	3451		

Forderungen/Verbindlichkeiten gegenüber Unternehmen, mit denen ein Beteiligungsverhältnis besteht		**Forderungen/Verbindlichkeiten gegenüber Unternehmen, mit denen kein Beteiligungsverhältnis besteht**	
Verbindlichkeiten gegenüber Unternehmen, mit denen ein Beteiligungsverhältnis besteht, Restlaufzeit 1 bis 5 Jahre			
720	3455		
Verbindlichkeiten gegenüber Unternehmen, mit denen ein Beteiligungsverhältnis besteht, Restlaufzeit größer 5 Jahre			
725	3460		
Verbindlichkeiten aus Lieferungen und Leistungen gegen Unternehmen, mit denen ein Beteiligungsverhältnis besteht		Verbindlichkeiten aus Lieferungen und Leistungen	
1640	3470	1600/1601	3300/3301
Verbindlichkeiten aus Lieferungen und Leistungen gegen Unternehmen, mit denen ein Beteiligungsverhältnis besteht, Restlaufzeit bis 1 Jahr		Verbindlichkeiten aus Lieferungen und Leistungen ohne Kontokorrent, Restlaufzeit bis 1 Jahr	
1641	3471	1625	3335
Verbindlichkeiten aus Lieferungen und Leistungen gegen Unternehmen, mit denen ein Beteiligungsverhältnis besteht, Restlaufzeit 1 bis 5 Jahre		Verbindlichkeiten aus Lieferungen und Leistungen ohne Kontokorrent, Restlaufzeit 1 bis 5 Jahre	
1645	3475	1635	3337
Verbindlichkeiten aus Lieferungen und Leistungen gegen Unternehmen, mit denen ein Beteiligungsverhältnis besteht, Restlaufzeit größer 5 Jahre		Verbindlichkeiten aus Lieferungen und Leistungen ohne Kontokorrent, Restlaufzeit größer 5 Jahre	
1648	3480	1638	3338

Tab. 17: Konten für den Ausweis von Forderungen und Verbindlichkeiten

§ 271 Abs. 1 Satz 3 HGB definiert eine sog. Beteiligungsvermutung, wenn der Anteil, den man an einer Gesellschaft hält insgesamt den fünften Teil des Nennkapitals dieser Gesellschaft übersteigt. Verfügt die Gesellschaft, an der man beteiligt ist, nicht über Nennkapital, weil es sich zum Beispiel um eine Personenhandelsgesellschaft handelt, muss man insgesamt den fünften Teil des Anteils der Summe aller Kapitalanteile halten, um von einer gesetzlichen Beteiligung ausgehen zu können.

Beispiel: Beteiligungsvermutung - direkte Beteiligung

Die Hieronymus GmbH hat ein Stammkapital von 100.000 EUR. Unternehmer J ist an der Hieronymus GmbH mit 25.000 EUR beteiligt. Damit hält J einen Anteil von 25 % am Unternehmensvermögen der GmbH. Der 25%ige Anteil beträgt mehr als 1/5 (oder 20 %).

Beispiel Beteiligungsvermutung - indirekte Beteiligung

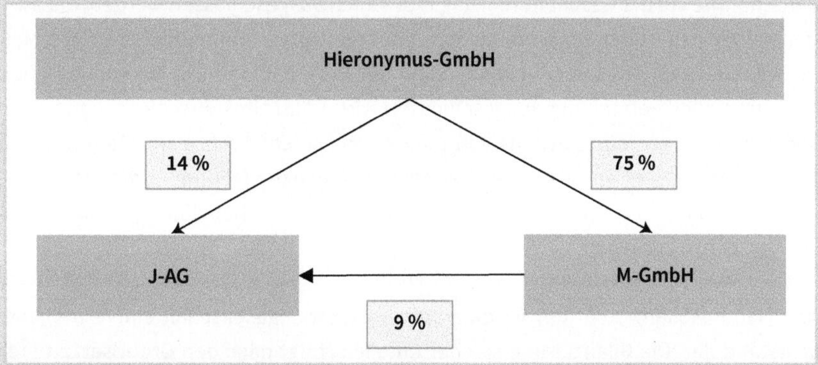

Abb. 3: Beteiligungsvermutung - indirekte Beteiligung

Die Hieronymus-GmbH ist zu 14 % an der J-AG beteiligt und zu 75 % an der M-GmbH. Die M-GmbH wiederrum ist selbst zu 9 % an der J-AG beteiligt.

Frage: Ist die Beteiligung der Hieronymus-GmbH an der J-AG als Beteiligung im Sinne des § 271 Abs. 1 Satz 3 HGB zu definieren?

Antwort: Die Hieronymus-GmbH ist zu 14 % selbst an der J-AG beteiligt. Diese Beteiligungshöhe reicht nicht aus für die Anwendung der Beteiligungsvermutung nach § 271 Abs. 1 Satz 3 HGB. Wendet man § 16 Abs. 4 AktG analog auf diesen Fall an, ist die Hieronymus-GmbH unmittelbar und mittelbar mit insgesamt 23 % (14 % + 9 %) am Stammkapital der J-AG beteiligt. Die unmittelbaren Anteile der M-GmbH sind bei der Berechnung der Anteile in vollem Umfang - und nicht nur zu 75 % - mit einzubeziehen. Die Hieronymus-GmbH hat damit ihre 15%ige Beteiligung unter ihren Anschaffungskosten zu aktivieren, auch wenn sie ohne die mittelbare Beteiligung die Beteiligungsquote des § 271 Abs. 1 Satz 3 HGB nicht erreicht.

> Als Anteile, die einem Unternehmen gehören, gelten auch die Anteile, die einem von ihm abhängigen Unternehmen oder einem anderen für Rechnung des Unternehmens oder eines von diesem abhängigen Unternehmens gehören und, wenn der Inhaber des Unternehmens ein Einzelkaufmann ist, auch die Anteile, die sonstiges Vermögen des Inhabers sind.
>
> § 16 Abs. 4 AktG

Bis zum Inkrafttreten des BilRUG war die Beteiligungsvermutung des § 271 Abs. 1 Sätze 3,4 HGB nur auf Kapitalgesellschaften anwendbar. Mit der Einführung des BilRUG wurde der Anwendungsbereich auf die Personenhandelsgesellschaften erweitert. Um die Beteiligungsvermutung zu widerlegen und eine Bilanzierung im Umlaufvermögen zu erreichen, ist es nicht ausreichend, im Gesellschaftsvertrag eine beabsichtigte Einflussnahme auf die Geschäftsführung auszuschließen. Neben der beabsichtigten Einflussnahme auf die Geschäftsführung muss auch ausgeschlossen werden, dass die Anteile einer dauernden Verbindung zum anderen Unternehmen dienen. Nach Meinung der Literatur ist es ausreichend, wenn ein Merkmal, der drei Merkmale Dauer, Verbindung oder Herstellung ausgeschlossen wird.[168] Im Umkehrschluss, kann auch beim Nichtvorliegen eines Anteils von mindestens einem Fünftel am Stammkapital oder der Summe der Kapitalanteile aber dem Vorliegen der Merkmale, die für eine bilanzielle Beteiligung des Anlagevermögens sprechen, eine Beteiligung im Sinne des § 271 Abs. 1 HGB vorliegen.

In der Handelsbilanz stellt der Anteil an einer Personengesellschaft ein Vermögensgegenstand dar. Die Bilanzierung solcher Anteile erfolgt nach den Grundsätzen ordnungsmäßiger Buchführung, d. h., dass die Bilanzierung losgelöst vom Kapitalkonto bei der Personengesellschaft erfolgt. Die Spiegelbildmethode (Entwicklung des Beteiligungsansatzes entsprechend den Veränderungen auf dem Kapitalkonto des Gesellschafters bei der Personenhandelsgesellschaft) wird für die Handelsbilanz nicht angewandt.

Das Steuerrecht unterscheidet bei der Bilanzierung von Beteiligungen zwischen den Gesellschaftsformen. Im Steuerrecht sind Beteiligungen an einer Kapitalgesellschaft ein einzeln zu bewertendes, einheitlich nicht abnutzbares Wirtschaftsgut. Beteiligungen an einer Personenhandelsgesellschaft sind kein selbstständiges Wirtschaftsgut sondern verkörpern den Anteil des Gesellschafters an jedem einzelnen Wirtschaftsgut der Personengesellschaft, die sich im Gesamthandsvermögen der Gesellschaft befinden.

2.3.3.2 Bewertung im Handelsrecht und Steuerrecht

Beteiligungen werden in der Handelsbilanz mit ihren Anschaffungskosten gem. § 255 Abs. 1 HGB zzgl. ihren Anschaffungsnebenkosten bilanziert. Bei den Anschaffungskosten wird es sich in der Regel um den Kaufpreis (beim Erwerb von Dritten) oder die Kapitaleinlage (im Rahmen einer Neugründung) handeln. Als Anschaffungsnebenkosten kommen Provisionen, Notaraufwendungen aber auch Spesen im Zusammenhang mit

168 Bieg/Waschbusch (2002); Handbuch der Rechnungslegung Einzelabschluss, 5. Auflage, § 271 Anm. 55.

dem Erwerb in Betracht. Nachschüsse, die auf die Beteiligung gezahlt werden, dürfen nur aktiviert werden, wenn sie zu einer dauerhaften Wertsteigerung führen. Eine Aktivierung von Nachschüssen scheidet aus, wenn diese nur den Zweck haben, Verlustvorträge oder Wertminderungen aufgrund von vorgenommenen Abschreibungen auszugleichen. Wird statt Geldmitteln die Einlage in Form eines Tauschs vorgenommen oder auch einer Sacheinlage, bemessen sich die Anschaffungskosten der Beteiligung nach dem gemeinen Wert der erbrachten Leistung.

Gewinnanteile aus der Zeit vor dem Erwerb einer Beteiligung

Vereinbaren Erwerber und Veräußerer einer Beteiligung, dass der Erwerber auch die Gewinnanteile an der Gesellschaft aus der Zeit, die vor dem Erwerb liegt, erhalten soll, handelt es sich bei dem Anteil, der im Kaufpreis dafür enthalten ist, dass die Gewinnanteile vor Erwerb auf den Erwerber übergehen nicht ursächlich um Anschaffungskosten. Es handelt sich vielmehr um einen separat zu bilanzierenden Gewinnanspruch des Erwerbers (sonstiger Vermögensgegenstand).

Kapitalrückzahlungen und Anteilsverkäufe sind als Anlagenabgang zu verbuchen. Dividendenforderungen sind unter den Forderungen gegen Unternehmen, mit denen ein Beteiligungsverhältnis besteht, zu verbuchen. Die Beteiligungserträge eines Mutterunternehmens (Kapitalgesellschaft) sind bereits in dem Jahr in der Bilanz des Mutterunternehmens zu bilanzieren, in dem das Tochterunternehmen (Kapitalgesellschaft) den Gewinn erzielt hat, wenn folgende Voraussetzungen vorliegen:

- Geschäftsjahr des Mutterunternehmens endet nicht nach dem Geschäftsjahr des Tochterunternehmens,
- Mutterunternehmen besitzt Stimmrechtsmehrheit im Tochterunternehmen,
- noch vor Testierung des Jahresabschlusses des Mutterunternehmens erfolgt die Feststellung des Jahresabschlusses des Tochterunternehmens,
- der Jahresabschluss des Mutterunternehmens vermittelt ein den tatsächlichen Verhältnissen entsprechendes Bild der Vermögens-, Finanz- und Ertragslage.

Liegt bis zum Zeitpunkt der Beendigung der Prüfung des Jahresabschlusses des Mutterunternehmens ein Gewinnverwendungsbeschluss des Tochterunternehmens vor, ist die phasengleiche Gewinnbilanzierung zwischen Tochter- und Mutterunternehmen zwingend erforderlich (sog. phasengleiche Aktivierung). Liegt bis zum Zeitpunkt der Beendigung der Prüfung des Jahresabschlusses des Mutterunternehmens lediglich ein Vorschlag zur Gewinnverwendung des Tochterunternehmens vor, wird die Aktivierungspflicht zu einem Aktivierungswahlrecht. Diesem handelsrechtlichen Aktivierungsgebot bzw. -wahlrecht steht im Steuerrecht ein Aktivierungsverbot gegenüber, mit der Konsequenz, dass bei einer handelsrechtlichen phasenkongruenten Aktivierung das Handelsbilanzergebnis höher ist als das Steuerbilanzergebnis. Für diesen Bilanzierungsunterschied sind in der Handelsbilanz – je nach Größe der Gesellschaft – ggf. latente Steuern zu bilden.

Bei Personenhandelsgesellschaften stehen den beteiligten Gesellschaftern die erwirtschafteten Gewinne bereits zum Zeitpunkt des Abschlussstichtages zu. Damit ist eine phasenkongruente Bilanzierung geboten. Gemäß der Rechtsprechung des BGH gilt die Anerkennung des Jahresabschlusses über einen Feststellungsbeschluss der Gesellschafter als Voraussetzung für das Entstehen einer Forderung. Es kann zu einer anderslautenden Beurteilung kommen, wenn die Regelungen des Gesellschaftsvertrages andere Voraussetzungen für die Anerkennung des Jahresergebnisses festlegen. Nicht ausreichend für eine phasenkongruente Bilanzierung des Gewinnanteils ist die Aufstellung des Jahresabschlusses an sich. Ebenfalls entsteht kein bilanzierungsfähiger Gewinnanspruch, wenn der Gewinnanteil den Gesellschaftern entzogen wird, sei es durch gesetzliche, aber auch gesellschaftsvertragliche Gründe oder einen gefassten Gesellschafterbeschluss.[169] Dem Grunde nach werden die Gewinnanteile eines Gesellschafters im Umlaufvermögen bilanziert, wenn der Gesellschafter über den Gewinnanspruch frei verfügen kann. Entscheidet sich der Gesellschafter auf den Gewinnanteil zu verzichten, aktiv oder konkludent (durch Nichtgeltendmachung seines Entnahmerechts bis zur Feststellung des nachfolgenden Jahresabschlusses), kommt es zum Erlöschen des Auszahlungsanspruchs. Konsequenz des Erlöschens des Gewinnauszahlungsanspruchs ist eine Umgliederung des Forderungsbetrags als Beteiligungszugang. Die Erhöhung des Buchwertes der Beteiligung kommt nur dann zur Anwendung, wenn die noch nicht abgerufenen Gewinnanteile zur Rücklagenbildung oder zum Ausgleich von (durch Verluste) geminderten Einlagen verwendet werden.

Es gilt auch bei Beteiligungen das Realisationsprinzip des § 252 Abs. 1 Nr. 4 zweiter Halbsatz HGB. Steigt der Beteiligungswert über die Anschaffungskosten hinaus an, dürfen die stillen Reserven nicht ausgewiesen werden, da sie noch nicht realisiert wurden. Nicht realisierte Verluste hingegen sind grundsätzlich auszuweisen (Ausfluss des Vorsichtsprinzips gem. § 252 Abs. 1 Nr. 4 HGB).

Beispiel

Der Einzelunternehmer J erwirbt von F eine Beteiligung an der Hieronymus-KG in Höhe von 150.000 EUR. J erwirbt die Beteiligung aus strategischen Gründen. Die Handelsbilanz der Hieronymus-KG sah vor dem Beteiligungserwerb von J wie folgt aus:

Aktiva		31.12.01	Passiva
BGA	100.000 EUR	Kapitalkonto M	90.000 EUR
Forderungen aus Lieferungen u. Leistungen	75.000 EUR	Kapitalkonto F	90.000 EUR
Bank	25.000 EUR	Verbindlichkeiten aus Lieferungen und Leistungen	20.000 EUR
Bilanzsumme	200.000 EUR	Bilanzsumme	200.000 EUR

169 BGH vom 29.3.1996, DB 1996, 926 ff..

Nach dem Beteiligungserwerb durch J sieht die Handelsbilanz zum 31.12.02 wie folgt aus:

Aktiva	31.12.01		Passiva
BGA	100.000 EUR	Kapitalkonto M	90.000 EUR
Forderungen aus Lieferungen u. Leistungen	75.000 EUR	Kapitalkonto J	90.000 EUR
Bank	25.000 EUR	Verbindlichkeiten aus Lieferungen und Leistungen	20.000 EUR
Bilanzsumme	200.000 EUR	Bilanzsumme	200.000 EUR

Die Anschaffungskosten des J spiegeln sich in seinem Kapitalkonto nicht wider, es ändert sich nur die Bezeichnung des Kapitalkontos (J tritt an die Stelle des ausgeschiedenen F). J ist seit dem Eintritt zu 50 % an allen Vermögensgegenstränden der KG beteiligt.

Getreu dem Grundsatz der Maßgeblichkeit der Handelsbilanz für die Steuerbilanz sind auch in der Steuerbilanz die Anschaffungskosten einer Beteiligung zu bilanzieren. Nachträgliche Anschaffungskosten in der Steuerbilanz können durch den Verzicht des Gesellschafters auf ein werthaltiges Darlehen gegenüber der Gesellschaft aber auch durch die Rückzahlung einer verdeckten Gewinnausschüttung entstehen. Demgegenüber führen Auszahlungen aus dem steuerlichen Einlagekonto gem. § 27 KStG zu einer Minderung des steuerbilanziellen Beteiligungswertes. Dies gilt analog für Kapitalherabsetzungen durch die Gesellschaft.

Wie bereits im Rahmen der Ansatzbilanzierung dargestellt, unterscheidet das Steuerrecht zwischen der Bewertung von Beteiligungen an Kapitalgesellschaften und an Personengesellschaften. Die Bewertung von Beteiligungen an Kapitalgesellschaften erfolgt gem. § 6 Abs. 1 Nr. 2 EstG – wie in der Handelsbilanz – mit den Anschaffungskosten. Die Anteile an einer Kapitalgesellschaft stellen auch steuerrechtlich ein nicht abnutzbares Wirtschaftsgut dar. Sacheinlagen sind mit dem Teilwert der eingebrachten Wirtschaftsgüter zu bewerten gem. § 6 Abs. 1 Nr. 5 1. Halbsatz EstG. Unter den Voraussetzungen des § 4 Abs. 1 Satz 8 EstG erfolgt die Bewertung mit dem gemeinen Wert nach § 6 Abs. 1 Nr. 5a EstG. Erwirbt der zukünftig beteiligte Gesellschafter auch Ansprüche auf Beteiligungserträge, die den Zeitraum vor seinem Erwerb betreffen und wurden diese Erträge im Rahmen der Kaufpreisfindung berücksichtigt, stellt dieser Kaufpreisanteil Anschaffungskosten dar. Kommt es zu einem sukzessiven Erwerb von Anteilen an ein und derselben Kapitalgesellschaft, bilden die Anschaffungskosten aller sukzessiv erworbenen Anteile die Anschaffungskosten der Beteiligung.

Die Beteiligung an Personenhandelsgesellschaften erfolgt in einem ersten Schritt analog zum Handelsrecht, d. h., es verändert sich lediglich der Name des Kapitalkontos in der Handelsbilanz der Personenhandelsgesellschaft. In einem zweiten Schritt sind die Wertkorrekturen mittels Aufstellung einer steuerlichen Ergänzungsbilanz vorzunehmen. Die Wertkorrekturen ergeben sich jedoch nur in dem Fall, in dem der Veräußerungspreis bzw. die Anschaffungskosten des neuen Gesellschafters den Buchwert des Kapitalkontos unter- oder übersteigen. ist der Veräußerungspreis genauso hoch wie der Buchwert des Kapitalkontos, muss keine steuerliche Ergänzungsbilanz aufgestellt werden.

Ergänzungsbilanz

Ergänzungsbilanzen bilden Korrekturen für die Wertansätze von Wirtschaftsgütern in der Gesamthandsbilanz einer Personengesellschaft ab, die sich nicht auf die Personengesellschaft selbst, sondern nur aus den Umständen des einzelnen Gesellschafters ergeben.[170]

Fälle, in denen Ergänzungsbilanzen aufzustellen sind:

- eine Personengesellschaft wird neu gegründet,
- ein Gesellschafter bringt ein Einzelunternehmen in eine Personengesellschaft ein,
- ein neuer Gesellschafter tritt in eine bereits bestehende Personengesellschaft ein,
- ein Gesellschafterwechsel findet statt und der neue Gesellschafter muss mehr/weniger als Anschaffungskosten aufwenden, als ihm an Kapitalanteil an der Gesellschaft gutgeschrieben wird in der Bilanz und
- es sollen stille Reserven nach § 6b EstG übertragen werden, der Gesellschafterbestand hat sich jedoch im Investitionszeitraum (innerhalb der letzten sechs Jahre) geändert.

Für den Gesellschafterwechsel kann folgende Zusammenfassung dabei helfen eine Entscheidung über die Notwendigkeit der Aufstellung einer Ergänzungsbilanz zu treffen:

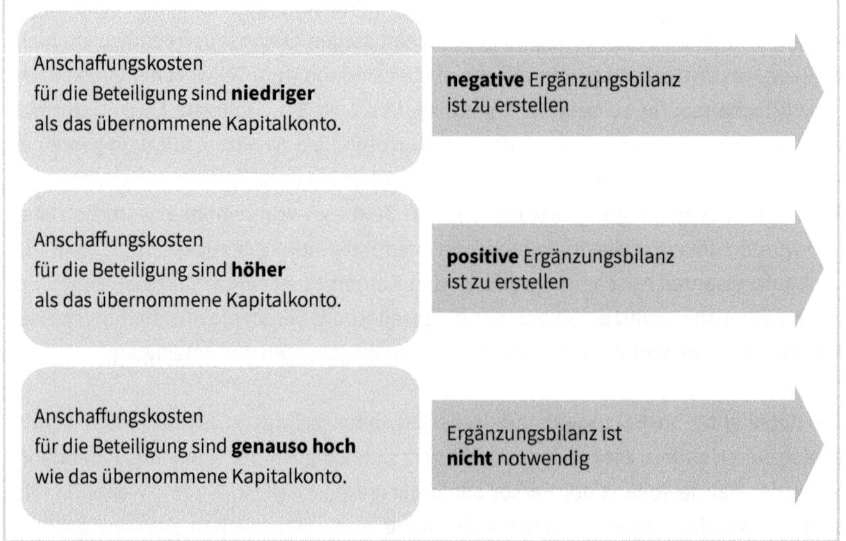

Abb. 4: Ergänzungsbilanzen

170 Kanzler/Kraft/Bäuml/Marx/Hechtner/Geserich (2021), EStG Kommentar, 6. Auflage, zu § 15 Rz. 165.

Da die vom neuen Gesellschafter aufgewendeten Anschaffungskosten nicht als Gesellschaftsanteil, wie bei einer Kapitalgesellschaft, bilanziert werden, sondern Anteile an jedem einzelnen materiellen und immateriellen Wirtschaftsgut darstellen, ist der Mehrpreis (Betrag der über dem Wert des übernommenen Kapitalkontos liegt) in der Ergänzungsbilanz zu bilanzieren. Dabei ist nicht relevant, ob es sich um Wirtschaftsgüter handelt, die die Personengesellschaft bilanziert hat oder nicht. Damit kann es also auch zur Bilanzierung eines Geschäftswertes in der Ergänzungsbilanz kommen, wenn der neue Gesellschafter einen Kaufpreis zahlt, der über dem übernommenen Kapitalkonto und den Werten der materiellen und immateriellen Wirtschaftsgütern liegt.

Die in der Ergänzungsbilanz bilanzierten Anschaffungskosten je Wirtschaftsgut sind fortzuschreiben. D. h., abnutzbare Wirtschaftsgüter sind, um die Absetzung für Abnutzung zu mindern. Hierbei sind die gängigen steuerlichen Abschreibungsregeln zu beachten. Die Abschreibung ist dabei auf die im Zeitpunkt des Beteiligungserwerbs noch geltende Restnutzungsdauer des Gesellschaftsvermögens vorzunehmen. Darüber hinaus hat der Gesellschafter dieselben Abschreibungswahlrechte, die einem Einzelunternehmen im Zeitpunkt der Anschaffung eines Wirtschaftsgutes zustehen würden.[171] Nach dem BFH-Urteil vom 20.11.2014 konnte der Gesellschafter für seine Ergänzungsbilanz von der Gesamthandsbilanz unabhängige Abschreibungsregeln anwenden. Diese abweichenden Abschreibungsregeln gelten jedoch ausschließlich für die Mehrwerte in der Ergänzungsbilanz und dürfen nicht auf die Gesamthandsbilanz ausgeweitet werden.

Der sich aus der Ergänzungsbilanz ergebene Mehraufwand bzw. Minderaufwand ist dem Gewinnanteil des Gesellschafters zu- bzw. abzurechnen, um den steuerlichen Gesamtgewinn des Gesellschafters zu ermitteln und diesen der Besteuerung zugrunde zu legen.

Die Ergänzungsbilanzen sind so lange fortzuführen, bis die sich ergebenen Mehr- oder Minderwerte entfallen, die Beteiligung an der Personengesellschaft veräußert wird, die Gesellschaft aufgelöst oder liquidiert wird oder die Wirtschaftsgüter, für die die Ergänzungsbilanz aufgestellt wurde, aus dem Gesamthandsvermögen der Gesellschaft ausscheidet.

Beteiligungen können nicht planmäßig abgeschrieben werden, weil es sich um nicht abnutzbare Vermögensgegenstände bzw. Wirtschaftsgüter handelt. Dennoch können Sie bei Vorliegen einer voraussichtlich dauernden Wertminderung der außerplanmäßigen Abschreibung gem. § 253 Abs. 3 Satz 3 HGB unterliegen (Abschreibungspflicht). Die Abschreibung erfolgt sodann auf den niedrigeren beizulegenden Wert. Der bei-

171 BFH-Urteil vom 20.11.2014 – IV R 1/11, BStBl 2017 II, S. 34.

zulegende Wert ergibt sich regelmäßig aus dem Ertragswert aus der Sicht der Gesellschaft, die die Beteiligung bilanziert. Beabsichtigt der Unternehmer die Beteiligung zu veräußern, ergibt sich der beizulegende Wert aus dem Betrag, den der Erwerber zu zahlen bereit wäre, um die Beteiligung zu erwerben. Gemäß § 253 Abs. 3 Satz 6 HGB kann eine außerplanmäßige Abschreibung auch dann vorgenommen werden, wenn keine dauernde Wertminderung, sondern eine vorübergehende Wertminderung vorliegt (Wahlrecht). Bei dem Wahlrecht handelt es sich um das sog. gemilderte Niederstwertprinzip. Nehmen Kapitalgesellschaften dieses Wahlrecht auf außerplanmäßige Abschreibung bei vorübergehender Wertminderung nicht in Anspruch, müssen Sie im Anhang zur Bilanz den Buchwert und den beizulegenden Wert sowie die Gründe, warum keine außerplanmäßige Abschreibung vorgenommen wurde nach § 285 Nr. 18 HGB angeben.

Die Bestimmung des Vorliegens einer dauernden oder vorübergehenden Wertminderung ist stets zum Bilanzstichtag zu bestimmen. Gemäß § 253 Abs. 5 Satz 1 HGB darf ein niedriger Wertansatz aufgrund einer vorliegenden dauernden Wertminderung nicht beibehalten werden, wenn die Gründe für eine Abschreibung entfallen (sog. Wertaufholungsgebot).

In der Steuerbilanz ist ebenso zu jedem Bilanzstichtag zu prüfen, ob ein Grund für eine Bewertung der Beteiligung unterhalb der ursprünglichen Anschaffungskosten vorliegt. Eine gewinnerhöhende Wertaufholung gem. § 6 Abs. 1 Nr. 2 Satz 3 EStG ist vorzunehmen, wenn nach einer ausschüttungsbedingten Teilwertabschreibung von Anteilen an einer Kapitalgesellschaft diese später wieder werthaltig werden, weil der Kapitalgesellschaft durch einen begünstigen Einbringungsvorgang neues Betriebsvermögen zugeführt wird.[172]

2.3.3.3 SONDERFÄLLE und GESTALTUNG

2.3.3.3.1 Anteile an ausländischen Unternehmen

Hält das Unternehmen Anteile an einem ausländischen Unternehmen und hat hierfür Anschaffungskosten in einer Fremdwährung aufgewendet, ist nicht nur beim Vorliegen einer Währungsdifferenz zum Zeitpunkt der Anschaffung eine außerplanmäßige Abschreibung vorzunehmen. Vielmehr ist bei der Beurteilung, ob eine außerplanmäßige Abschreibung vorzunehmen ist, immer auf die Entwicklung des Zeitwertes der Gesellschaft, an der sich das Unternehmen beteiligt hat, abzustellen.

172 H 6.2 EStH Wertaufholungsgebot bei Beteiligungen.

2.3.3.3.2 Beteiligung an einer Kapitalgesellschaft und deren Wertaufholung nach Teilwertabschreibung

Als steuerlicher Sonderfall ist die Beteiligung an einer Kapitalgesellschaft zu benennen, weil Teilwertabschreibungen auf Beteiligungen gem. § 8b Abs. 2 Satz 4 KStG ganz und nach § 3c Abs. 2 Satz 1 EStG zu 40 (Teileinkünfteverfahren) bei der Einkommensermittlung zugerechnet werden. Umfasst die Wertaufholung neben steuerwirksamen auch steuerunwirksame Teile, ist die Wertaufholung zunächst mit den steuerunwirksamen und im Anschluss mit den steuerwirksamen Teilwertabschreibungen zu verrechnen.[173] Der Effekt der Wertaufholung ist bei Anteilen, die sich im Betriebsvermögen befinden zu 5 % steuerwirksam gemäß § 8b Abs. 3 Satz 1 KStG.

Beispiel

Die Hieronymus-GmbH ist seit 1990 an der F-GmbH mit 23 % beteiligt. Die Anschaffungskosten im Jahr 1990 betrugen 200.000 EUR. Im Jahr 1998 erfolgte eine nicht zu beanstandende Teilwertabschreibung um 50.000 EUR auf 150.000 EUR. Im Jahr 2010 erfolgt eine weitere Teilwertabschreibung auf 120.000 EUR. Im Jahr 2005 veräußert die Hieronymus-GmbH ihre Beteiligung an der F-GmbH für einen Veräußerungspreis in Höhe von 180.000 EUR.

Der Veräußerungsgewinn beträgt 60.000 EUR (180.000 EUR Veräußerungspreis minus 120.000 EUR Buchwert). In einem ersten Schritt ist die steuerneutrale Teilwertabschreibung in Höhe von 30.000 EUR aus dem Jahr 2010 aufzuholen. In dieser Höhe ist der Veräußerungsgewinn steuerfrei gem. § 8b Abs. 2 Satz 2 KStG. Es sind lediglich pauschale Betriebsausgaben in Höhe von 5 % gem. § 8b Abs. 3 Satz 1 KStG als nicht abziehbare Betriebsausgaben dem Gewinn hinzuzurechnen, mithin 1.500 EUR. Der verbleibende Veräußerungsgewinn in Höhe von 30.000 EUR entfällt auf die steuerwirksame Teilwertabschreibung aus dem Jahr 1998 und ist deshalb in voller Höhe steuerpflichtig gem. § 8b Abs. 2 Satz 4 KStG.

Wird die dauernde Wertminderung zum Bilanzstichtag nicht mehr nachgewiesen, ist die Zuschreibung vorzunehmen. Hierbei ist die maximale Höhe der Zuschreibung (auf die Anschaffungskosten) zu beachten. Die nicht nachgewiesene dauernde Wertminderung zum Bilanzstichtag kann vom Unternehmer genutzt werden, um ggf. im aktuellen Wirtschaftsjahr entstandene Verluste, aber auch Verlustvorträge aufzufangen.

173 BFH-Urteil vom 19.8.2009 – I R 2/09 BStBl 2010 II S. 760.

2.3.4 Ausleihungen an Unternehmen, mit denen ein Beteiligungsverhältnis besteht

2.3.4.1 Bilanzierung im Handelsrecht und Steuerrecht

Unter den Ausleihungen an Unternehmen, mit denen ein Beteiligungsverhältnis im Sinne des § 271 Abs. 2 HGB besteht, sind alle langfristigen Kapitalforderungen zu verstehen. Hierbei kann es sich zum Beispiel um eigenkapitalersetzende Gesellschafterdarlehen handeln, die dem Darlehensgeber Gläubigerrechte verschaffen.

Bezüglich des Ansatzes in der Handels- und Steuerbilanz wird auf die Ausführungen unter den sonstigen Ausleihungen verwiesen. Diese gelten entsprechend.

2.3.4.2 Bewertung im Handelsrecht und Steuerrecht

Bezüglich der Ansatzbewertung und der Folgebewertung in der Handels- und Steuerbilanz wird auf die Ausführungen unter den sonstigen Ausleihungen verwiesen. Diese gelten entsprechend.

2.3.5 Wertpapiere des Anlagevermögens

2.3.5.1 Bilanzierung im Handelsrecht und Steuerrecht

Unter der Bilanzposition »Wertpapiere des Anlagevermögens« werden die Wertpapiere bilanziert, die dem Unternehmen als langfristige Kapitalanlage dienen sollen. Als Negativabgrenzung zu den anderen Bilanzpositionen der Finanzanlagen dürfen sie nicht die Kriterien der Anteile an verbundenen Unternehmen oder Beteiligungen erfüllen. Außerdem darf es sich auch nicht um eigene Anteile handeln, wenn ein Bilanzausweis unter den Wertpapieren des Anlagevermögens vorgenommen werden soll. Zu den Wertpapieren zählen Wertpapiere mit einem variablen Zinsertrag (zum Beispiel bei Genussscheinen und Aktien) und Wertpapiere mit einem festen Zinsertrag (zum Beispiel Pfandbriefe, Anleihen des Bundes, der Länder und Gemeinden, Schuldbuchforderungen und Zerobonds). Die Forderungen aus den Erträgen der Wertpapiere sind unter dem Umlaufvermögen (sonstige Vermögensgegenstände) zu bilanzieren.

Wertpapiere werden in der Steuerbilanz im Anlagevermögen ausgewiesen, wenn sie dauernd dem Geschäftsbetrieb dienen sollen und eine tatsächliche Einflussnahme möglich ist, die sich durch in Geld quantifizierbare Vorteile des Anteilsinhabers messen lassen.[174]

2.3.5.2 Bewertung im Handelsrecht und Steuerrecht

Wertpapiere werden in der Handelsbilanz mit ihren Anschaffungskosten gem. § 255 Abs. 1 HGB zzgl. ihren Anschaffungsnebenkosten bilanziert. Bei den Anschaffungskosten wird es sich in der Regel um den Kaufpreis handeln. Als Anschaffungsnebenkosten kommen Provisionen aber auch Spesen im Zusammenhang mit dem Erwerb in Betracht. Der Grundsatz der Einzelbewertung ist zu beachten. Kann die Zuordnung der Anschaffungskosten nicht einzeln über die WKN/ISIN-Nummer erfolgen, ist gemäß § 240 Abs. 4 HGB ein gewogener Durchschnittswert zu bilden.

Lassen sich die Aufwendungen für Wertpapiere des Anlagevermögens einzeln ermitteln, sind diese als Anschaffungskosten ebenso in der Steuerbilanz zu bilanzieren. Nach herrschender Meinung greift die handelsrechtlich zugelassene Durchschnittsbewertung nach § 240 Abs. 4 HGB in der Steuerbilanz nicht, weil die Steuerbilanz zwingend die Einzelbewertung vorsieht. Werden jedoch Wertpapiere der gleichen Art, die auf einem Girokonto sammelverwahrt werden, angeschafft, ist steuerrechtlich der durchschnittliche Preis je Wertpapierkategorie zu ermitteln und dieser als Anschaffungskostenansatz heranzuziehen.

Wertpapiere sind nicht abnutzbare Vermögensgegenstände bzw. Wirtschaftsgüter, weshalb sie lediglich einer außerplanmäßigen Abschreibung unterliegen, nicht jedoch der planmäßigen Abschreibung. Bei dem Vorliegen einer voraussichtlich dauernden Wertminderung unterliegen sie der außerplanmäßigen Abschreibung gem. § 253 Abs. 3 Satz 3 HGB (Abschreibungspflicht). Die Abschreibung erfolgt sodann auf den niedrigeren beizulegenden Wert. Um die außerplanmäßige Abschreibung zu ermitteln, wird am Bilanzstichtag ein Vergleich zwischen dem Buchwert und dem beizulegenden Wert gezogen. Ist der beizulegende Wert am Bilanzstichtag niedriger als der Buchwert, ist eine außerplanmäßige Abschreibung dem Grund nach vorzunehmen.

Das Handelsrecht definiert den Begriff des beizulegenden Wertes nicht. Der beizulegende Wert ist deshalb zu ermitteln. Als beizulegender Wert kommt der Wiederbeschaffungswert, der Einzelveräußerungspreis oder der Ertragswert in Betracht. Ist der beizulegende Wert am Bilanzstichtag niedriger als der Buchwert wird weiterhin vor-

174 vgl. Sandleben, B. (2021), Beck`sches Steuerberater-Handbuch 2021/2022, 18. Auflage, Die Posten des Jahresabschlusses Rn. 426.

ausgesetzt, dass eine dauernde Wertminderung vorliegt, um eine außerplanmäßige Abschreibung vornehmen zu können.

Wie weit der Unternehmer oder Geschäftsführer für die Bestimmung der Wertminderung in die Zukunft schauen muss, ist gesetzlich nicht geregelt. In der Literatur liest man häufig, dass ein Zeitraum von drei Jahren als angemessen angesehen wird.[175] Da sich die Entwicklung einer Beteiligung schlecht und sehr ungenau über die nächsten drei Jahre voraussagen lässt, ist die Beurteilung einer dauernden oder vorübergehenden Wertminderung nur schwer zu beurteilen. Anders als beim abnutzbaren Anlagevermögen, bei dem sich der Unternehmer an der voraussichtlichen Restnutzungsdauer orientieren kann, um eine dauernde oder vorübergehende Wertminderung zu bestimmen, gibt es diese Möglichkeit bei nicht planmäßig abnutzbarem Anlagevermögen nicht. Hierzu hat der IDW in seiner Stellungnahme VFA 2 aus 2002 Parameter erstellt, die für Versicherungsunternehmen die Ermittlung einer Wertminderung praktikabler machen sollen.[176] In einem fachlichen Hinweis des VFA vom 27.10.2022 wurde veröffentlicht, dass die handelsbilanziellen Bewertungen von Kapitalanlagen bei Versicherungsunternehmen nach § 341b HGB auch bei dauerhaft dem Geschäftsbetrieb dienenden Investments greifen, die einer Abschreibungsverpflichtung bei Vorliegen einer dauerhaften Wertminderung gem. § 253 Abs. 3 HGB gelten. Damit wurde die Anwendbarkeit der folgenden Indizien auch über die Versicherungsbranche hinaus für anwendbar erklärt. Der IDW VFA 2 hat Indizien entwickelt, anhand derer der Unternehmer eine Bewertungsentscheidung treffen kann:

- Höhe der Differenz zwischen Buchwert und Zeitwert,
- Dauer des Bestehens der Differenz zwischen Buchwert und Zeitwert,
- stark abweichender Kursverlauf des Wertpapiers von der allgemeinen Kursentwicklung,
- Substanzverluste aus betrieblichem Anlass u. ä.
- Verschlechterung der branchenspezifischen Zukunftsaussichten,
- erhebliche finanzielle Schwierigkeiten,
- hohe Wahrscheinlichkeit der Insolvenz oder des Sanierungsbedarfs.

Der Unternehmer hat die Beurteilung der sieben Indizien und deren Gewichtung selbstständig vorzunehmen und daran zu entscheiden, ob eine dauernde oder vorübergehende Wertminderung vorliegt. Eine dauernde Wertminderung wird anhand der Indizien angenommen, wenn der Zeitwert des Wertpapiers sechs Monate permanent um mehr als 20 % unter dem Buchwert liegt oder der Durchschnittswert der täglichen Börsenkurse des Wertpapiers in den letzten 12 Monaten um mehr als 10 % unter dem Buchwert lag.[177] Liegt mindestens ein Indiz vor, ergibt sich eine Beweislastumkehr,

175 Schön, W., FS Raupauch 2006, S. 311.
176 VFA, 149. Sitzung, FN-IDW 2002, S. 667.
177 IDW VFA 2002.

d.h., dass die außerplanmäßige Abschreibung nur dann unterlassen werden darf, wenn der Unternehmer nachweisen kann, dann lediglich eine vorübergehende Wertminderung vorliegt. Diese Wertminderungsprüfung ist jeweils zum Bilanzstichtag vorzunehmen. Gemäß § 253 Abs. 5 Satz 1 HGB darf ein niedriger Wertansatz aufgrund einer vorliegenden dauernden Wertminderung nicht beibehalten werden, wenn die Gründe für eine Abschreibung entfallen (sog. Wertaufholungsgebot).

Für das Steuerrecht gibt im Wesentlichen das BMF-Schreiben vom 16.7.2014 Auskunft über das Vorliegen einer dauernden Wertminderung.[178] Der handelsrechtliche Begriff beizulegender Wert ist im Steuerrecht mit dem Begriff des Teilwertes gleichzusetzen. Liegt ein durch den Unternehmer nachgewiesener niedrigerer Teilwert vor, kann dieser nach § 6 Abs. 1 Nr. 1 Satz 2 EStG nur angesetzt werden, wenn eine voraussichtlich dauernde Wertminderung vorliegt. Das BMF-Schreiben definiert den Begriff der dauernden Wertminderung unter Rz. 6 und 7 wie folgt:

> Die Wertminderung ist voraussichtlich nachhaltig, wenn der Steuerpflichtige hiermit aus der Sicht am Bilanzstichtag aufgrund objektiver Anzeichen ernsthaft zu rechnen hat. Aus der Sicht eines sorgfältigen und gewissenhaften Kaufmanns müssen mehr Gründe für als gegen eine Nachhaltigkeit sprechen. Grundsätzlich ist von einer voraussichtlich dauernden Wertminderung auszugehen, wenn der Wert des Wirtschaftsguts die Bewertungsobergrenze während eines erheblichen Teils der voraussichtlichen Verweildauer im Unternehmen nicht erreichen wird. Wertminderungen aus besonderem Anlass (z. B. Katastrophen oder technischer Fortschritt) sind regelmäßig von Dauer. Werterhellende Erkenntnisse bis zum Zeitpunkt der Aufstellung der Handelsbilanz sind zu berücksichtigen. Wenn keine Handelsbilanz aufzustellen ist, ist der Zeitpunkt der Aufstellung der Steuerbilanz maßgeblich.
> Davon zu unterscheiden sind Erkenntnisse, die einer Wertbegründung nach dem Bilanzstichtag entsprechen.
> Für die Beurteilung eines voraussichtlich dauernden Wertverlustes zum Bilanzstichtag kommt der Eigenart des betreffenden Wirtschaftsguts eine maßgebliche Bedeutung zu (BFH vom 26. September 2007 —I R 58/06—, BStBl 2009 II S. 294 BFH vom 24. Oktober 2012 —I R 43/11—, BStBl 2013 II S. 162).
>
> BMF-Schreiben vom 16.7.2014 - IV C 6 - S 2171-b/09/10002
> BStBl 2014 I S. 1162, Rz. 6, 7

178 BMF-Schreiben vom 16.07.2014 - IV C 6 - S 2171/-b/09/10002, BStBl 2014 I S. 1162.

Beispiel zu festverzinslichen Wertpapieren gem. Rz. 14 des BMF-Schreibens vom 16.7.2014

Der Steuerpflichtige hat festverzinsliche Wertpapiere mit einer Restlaufzeit von vier Jahren, die dazu bestimmt sind, dauernd dem Geschäftsbetrieb zu dienen, zum Wert von 102 % des Nennwerts erworben. Die Papiere werden bei Fälligkeit zu 100 % des Nennwerts eingelöst. Aufgrund einer nachhaltigen Änderung des Zinsniveaus unterschreitet der Börsenkurs den Einlösebetrag zum Bilanzstichtag auf Dauer und beträgt zum Bilanzstichtag nur noch 98 %.

Lösung: Eine Teilwertabschreibung ist nur auf 100 % des Nennwerts zulässig, weil die Papiere bei Fälligkeit zum Nennwert eingelöst werden. Der niedrigere Börsenkurs am Bilanzstichtag ist für den Steuerpflichtigen nicht von Dauer, da die Wertpapiere bei Fälligkeit zu 100 % des Nennwerts eingelöst werden (BFH vom 8.6.2011 —I R 98/10—, BStBl 2012 II S. 716).

Eine voraussichtlich dauernde Wertminderung bei börsennotierten Aktien wird angenommen, wenn der Börsenwert zum Bilanzstichtag unter den Börsenwert zum Zeitpunkt des Erwerbs gesunken ist und der Kursverlust eine Bagatellgrenze von 5 % der Notierung bei Erwerb übersteigt. Sollte bereits vor der neuerlichen Beurteilung eine Teilwertabschreibung vorgenommen worden sein, ist der Bilanzansatz am vorangegangenen Bilanzstichtag maßgebend für die Ermittlung der 5%igen Bagatellgrenze.

Beispiel zu börsennotierten gem. Rz. 16, 16a-d des BMF-Schreibens vom 16.7.2014

Der Steuerpflichtige hat Aktien der börsennotierten X-AG zum Preis von 100 €/Stück erworben. Die Aktien sind als langfristige Kapitalanlage dazu bestimmt, dauernd dem Geschäftsbetrieb zu dienen.

a) Der Kurs der Aktien schwankt nach der Anschaffung zwischen 70 und 100 €. Am Bilanzstichtag beträgt der Börsenpreis 90 €. Am Tag der Bilanzaufstellung beträgt der Wert ebenfalls 90 €.

Lösung: Eine Teilwertabschreibung auf 90 € ist zulässig, da der Kursverlust im Vergleich zum Erwerb mehr als 5 % am Bilanzstichtag beträgt.

b) Wie a). Am Tag der Bilanzaufstellung beträgt der Wert 92 €.

Lösung: Eine Teilwertabschreibung ist auf 90 € zulässig, da der Kursverlust im Vergleich zum Erwerb mehr als 5 % am Bilanzstichtag beträgt und die Kursentwicklung nach dem Bilanzstichtag als wertbegründender Umstand unerheblich ist.

c) Wie a). Am Tag der Bilanzaufstellung beträgt der Wert 80 €.

Lösung: Eine Teilwertabschreibung ist auf 90 € zulässig, da der Kursverlust im Vergleich zum Erwerb mehr als 5 % am Bilanzstichtag beträgt und die Kursentwicklung nach dem Bilanzstichtag unerheblich ist. Eine Teilwertabschreibung auf 80 € ist daher nicht möglich.

d) Der Kurs der Aktien schwankt nach der Anschaffung zwischen 70 und 100 €. Am Bilanz Stichtag beträgt der Börsenpreis 98 € und am Tag der Bilanzaufstellung 80 €.

Lösung: Eine Teilwertabschreibung ist nicht zulässig, da der Kursverlust im Vergleich zum Erwerb am Bilanzstichtag nicht mehr als 5 % beträgt. Die Erkenntnisse zwischen Bilanzstichtag und Aufstellung der Bilanz bleiben bei der Feststellung der voraussichtlich dauernden Wertminderung unberücksichtigt. Eine Teilwertabschreibung auf 80 € ist daher nicht möglich.

Ebenso wie bei den Beteiligungen greift auch hier das Wertaufholungsgebot gem. § 6 Abs. 1 Nr. 1 Satz 4 EStG. Hat sich der Wert der Wertpapiere an einem der folgenden Bilanzstichtage wieder erholt, ist die Betriebsvermögensmehrung bis maximal zu den Anschaffungskosten zu buchen. Die Finanzverwaltung akzeptiert alle gängigen Dokumente, die der Unternehmer als Nachweis für die Bewertungsobergrenze vorlegt (Notarvertrag, Anschaffungsrechnungen u. ä.). Sollten dem Unternehmer keine geeigneten Unterlagen mehr vorliegen, gilt der Buchwert der ältesten noch vorhandenen Bilanz als Nachweis.

2.3.5.3 SONDERFÄLLE und GESTALTUNG

2.3.5.3.1 Zero-Bonds

Bei den sog. Null-Kupon-Anleihen (Zero-Bonds) erfolgen keine laufenden, regelmäßigen Zinszahlungen. Die Zinszahlung erfolgt am Laufzeitende, sodass sich ein Rückzahlungsbetrag ergibt, der über dem Ausgabebetrag liegt. Der Unterschiedsbetrag zwischen Ausgabebetrag und Rückzahlungsbetrag ist als Zinsentgelt für die Überlassung des Kapitals anzusehen.

Zero-Bonds können als Aufzinsungsanleihe (Nennbetrag = Ausgabebetrag < Rückzahlungsbetrag) oder Abzinsungsanleihe (Ausgabebetrag < Rückzahlungsbetrag = Nennbetrag) gehandelt werden, wobei der Abzinsungstyp der gebräuchlichere ist. Die Art der Anleihe hat für die Bilanzierung keine materielle Bedeutung. Grundsätzlich können Zero-Bonds analog den Darlehen mit Auszahlungsdisagio bilanziert werden, d. h. Bilanzierung des Ausgabebetrages und Erhöhung dieses Wertansatzes im Zeitablauf um den nach der Zinseszinsberechnung ermittelten Zinsertrag der Periode (Nettobilanzierung) oder Bilanzierung des Einlösungs-(Rückzahlungs-)betrags und Bildung eines passiven Rechnungsabgrenzungs-postens, der periodisch um die Zinserträge gekürzt wird (Bruttomethode). Die Nettobilanzierung entspricht der herrschenden Meinung, da »normalerweise im Falle einer vorzeitigen Rückzahlung aufgrund eines außerordentlichen Kündigungsrechts neben dem Ausgabebetrag lediglich die zwischenzeitlich aufgelaufenen Zinsen zu zahlen sind« (ADS HGB § 253 Rn. 86).

Die Zinserträge pro Periode können als verzinsliches zusätzliches Darlehen verstanden werden, sodass ein Zugang auszuweisen ist. Eine Zuschreibung ist nicht möglich, da es sich bei den am Bilanzstichtag jeweils zu aktivierenden Beträgen nicht um die Rückgängigmachung einer vorangegangenen außerplanmäßigen Abschreibung handelt. Die Höhe der als Zugang auszuweisenden Zinserträge richtet sich nach den Konditionen im Emissionszeitpunkt (vgl. zur Berechnungsformel HdR/Lorson HGB §§ 284–288 Rn. 266). Die bilanzielle Behandlung von Zero-Bonds weicht für einen Zweiterwerber von den dargestellten Grundsätzen ab, wenn sich das allg. Zinsniveau in der Zwischenzeit geändert hat (vgl. zu den entspr. Besonderheiten HdR/Lorson HGB §§ 284–288 Rn. 274 ff.). Ansonsten gelten die gleichen Bewertungsregeln wie für alle Wertpapiere, sodass niedrigere Zeitwerte z. B. aufgrund von Marktzinssteigerungen i. S. d Niederstwertprinzips Berücksichtigung finden können oder müssen.[179]

2.3.5.3.2 Manipulierte Aktienwerte

Bei der Feststellung der voraussichtlich dauernden Wertminderung bei Aktien ist der Teilwert einer Aktie nur dann *nicht* vom Kurswert als Anschaffungskosten zu bestimmen, wenn mittels konkreter und objektiv nachprüfbarer Kriterien davon ausgegangen werden kann, dass der Börsenpreis nicht den tatsächlichen, am Markt erzielbaren Anteilswert darstellt.[180] Dies kann dann gegeben sein, wenn der Kurswert durch Insidergeschäfte manipuliert wurde oder die Aktie über einen längeren Zeitraum nicht gehandelt wurde.

2.3.5.3.3 Nachweispflicht des Unternehmers bei dauernder Wertminderung

Der niedrigere Teilwert bzw. beizulegende Wert ist vom Unternehmer nachzuweisen, er trägt die Feststellungslast ebenfalls für die dauernde Wertminderung. Aufgrund des Wertaufholungsprinzips, kann der Unternehmer seine Pflicht zum Nachweis nutzen, um in einem Verlustjahr der Gesellschaft den niedrigeren Teilwert bzw. beizulegenden Wert oder die nicht mehr vorhandene dauernde Wertminderung nicht mehr nachzuweisen. Mit dem Ergebnis, dass die außerplanmäßige Abschreibung im Wirtschaftsjahr des fehlenden Nachweises wieder erfolgswirksam zugeschrieben und damit eine bilanzielle und auch steuerrechtliche Gewinnerhöhung vorgenommen wird. Der Unternehmer hat damit die Möglichkeit Verlustvorträge nach § 8c KStG oder einen laufenden Verlust »zu retten«.

2.3.6 Sonstige Ausleihungen

2.3.6.1 Bilanzierung im Handelsrecht und Steuerrecht

Unter den sonstigen Ausleihungen sind alle Ausleihungen zu bilanzieren, soweit sie nicht gegenüber verbundenen Unternehmen oder Unternehmen, mit denen ein Beteiligungsverhältnis besteht, bilanziert werden. Ausleihungen sind dauernde, dem Geschäftsbetrieb dienende Finanz- und Kapitalforderungen. Für die Beurteilung der

179 Entnommen aus Sandleben, (2021), Beck`sches Steuerberater-Handbuch 2021/2022 18. Auflage, B. Die Posten des Jahresabschlusses Rn. 456.

180 BFH-Urteil vom 21.9.2011 – I R89/10 –, BStBl 2014 II S. 612.

Dauerhaftigkeit ist auf die Laufzeit der Forderung abzustellen. Die Dauerhaftigkeit einer Forderung wird angenommen, wenn deren Laufzeit mindestens 12 Monate beträgt.[181]

Tilgungszeit hat keinen Einfluss auf die Langfristigkeit

Werden kurzfristige Ausleihungen mit Zeitverzögerung beglichen und überschreitet aufgrund dieser Tatsache die Laufzeit der Forderung 12 Monate, kann dennoch nicht von einer langfristigen Ausleihung ausgegangen werden.

Handelt es sich bei den Forderungen um Warenforderungen oder Leistungsforderungen, sind diese stets und ohne Berücksichtigung ihrer Laufzeit im Umlaufvermögen auszuweisen. Waren- und Leistungsforderungen sind ausnahmsweise dann unter den Ausleihungen zu bilanzieren, wenn sie unmittelbar mit einem Finanzgeschäft verbunden sind (zum Beispiel bei der Ausgabe eines langfristigen Kredits zur Finanzierung der Lieferung oder Leistung). Kommt es zu einer Schuldumwandlung einer Waren- oder Leistungsforderung in ein langfristiges Darlehen, erfolgt die Umbuchung zu den sonstigen Ausleihungen in dem Wirtschaftsjahr, in dem die Schuldumwandlung zivilrechtlich vorgenommen wurde. Beispiele für sonstige Ausleihungen sind

- langfristige Hypotheken,
- langfristige Darlehen,
- langfristige Grundschulden,
- langfristige Rentenschulden,
- langfristige Sicherungshypotheken.

Gemäß §266 Abs. 1 HGB ist der gesonderte Ausweis von Ausleihungen im Finanzanlagevermögen nur von großen und mittelgroßen Kapital- und Personengesellschaften mit ausschließlich einer Kapitalgesellschaft als Vollhafter vorzunehmen. Personengesellschaften mit ausschließlich einer Kapitalgesellschaft als Vollhafter müssen darüber hinaus die Ausleihungen gegenüber Gesellschaftern gesondert ausweisen und im Anhang angeben.

In der Steuerbilanz gelten dieselben Ansatzvorschriften wie in der Handelsbilanz.

2.3.6.2 Bewertung im Handelsrecht und Steuerrecht

Die dauernd dem Geschäftsbetrieb dienenden Finanz- und Kapitalforderungen, sog. Ausleihungen, sind mit ihren Anschaffungskosten gem. §253 Abs. 1 HGB zu bilanzieren. Die Anschaffungskosten entsprechen regelmäßig dem an den Darlehensnehmer ausgezahlten Betrag (Auszahlungsbetrag). Wird ein Darlehen unter Einbehalt eines

181 Vgl. HDR/Dusemond/Heusinger-Lange/Knop HGB §266 Rn. 57 und ADS HGB §266 Rn. 76.

Damnums ausgezahlt, ist dennoch der Auszahlungsbetrag zu aktivieren. Das Damnum stellt einen Zins dar und wird über die Laufzeit der Hauptschuld (des Darlehens) erfolgswirksam aufgelöst. Dabei werden die vereinnahmten Teilbeträge durch Erhöhung des für die Ausleihung aktivierten Betrags berücksichtigt, sodass sich am Ende der Laufzeit ein Ausweis in Höhe des Rückzahlungsbetrags ergibt.[182] Die jährliche Erhöhung des Betrages ist systemgerecht als Zugang auszuweisen; denn der Rückzahlungsbetrag der Ausleihung wächst über den Auszahlungsbetrag an, weil aufgrund des Damnums ein relativ niedriger Zinssatz vereinbart wurde.[183]Der damit für die kreditgewährende Unternehmung verbundene Verzicht auf höhere jährliche Zinszuflüsse ist den Anschaffungsauszahlungen bei der Darlehensgewährung gleichzusetzen und dementsprechend als Zugang zu behandeln. Zulässig ist auch, bei Darlehnsausgabe den vollen Rückzahlungsbetrag zu aktivieren und das Damnum unter den passiven Rechnungsabgrenzungsposten auszuweisen, um es dann, dem Zeitablauf entsprechend, erfolgserhöhend zu vereinnahmen.[184]

Werden Ausleihungen unverzinslich oder niedrig verzinslich ausgegeben, muss die Forderung aufgrund des Niederstwertprinzips außerplanmäßig auf den niedrigeren Zeitwert abgeschrieben werden. Die Differenz zwischen Barwert und Anschaffungskosten ist aufwandswirksam im Wirtschaftsjahr der Darlehens-gewährung zu verbuchen. In den Folgejahren nach der Darlehensgewährung ist der Differenzbetrag zwischen Barwert und Anschaffungskosten auf die Laufzeit des Darlehens erfolgswirksam zuzuschreiben. Werden die Kapital- oder Finanzforderungen uneinbringlich, sind sie auszubuchen gem. § 253 Abs. 3 Sätze 3, 4 HGB. Sollten Sicherungen auf die Forderungen bestehen, sind die Sicherungen bei der Bewertung einer uneinbringlichen Forderung zu berücksichtigen. Dasselbe gilt für zweifelhafte Forderungen.

Die Regeln über die außerplanmäßige Abschreibung gem. § 253 Abs. 3 Sätze 5, 6 HGB sind entsprechend anzuwenden. Entfällt in zukünftigen Wirtschaftsjahren der Grund für die außerplanmäßige Abschreibung, ist eine Wertaufholung gem. § 253 Abs. 5 HGB vorzunehmen, maximal auf die Anschaffungskosten.

Der Ansatz in der Steuerbilanz erfolgt mit dem Nennwert. Unverzinsliche langfristige Darlehen sind abzuzinsen, wenn die Unverzinslichkeit eine voraussichtlich dauernde Wertminderung nach § 6 Abs. 1 Nr. 2 EStG darstellt. Die Abzinsung hat laut Finanzverwaltung mit einem Zinssatz von 5,5 % zu erfolgen. Der Grundsatz der Maßgeblichkeit der Handelsbilanz für die Steuerbilanz wird dann durchbrochen, wenn der Zinssatz für

182 Sandleben (2021), Beck`sches Steuerberater-Handbuch 2021/2022, 18. Auflage, B. Posten des Jahresabschlusses, Rn. 471.

183 Sandleben (2021), Beck`sches Steuerberater-Handbuch 2021/2022, 18. Auflage, B. Posten des Jahresabschlusses, Rn. 426.

184 Sandleben (2021), Beck`sches Steuerberater-Handbuch 2021/2022, 18. Auflage, B. Posten des Jahresabschlusses, Rn. 426.

die Abzinsung in der Handelsbilanz höher ist als in der Steuerbilanz. Ist der vereinbarte Zinssatz niedrig, ist eine Teilwertabschreibung vorzunehmen, wenn der Zinssatz niedriger ist als es durchschnittlich üblich ist und darüber hinaus keine Möglichkeit besteht den Vertrag mit der niedrigen Verzinsung kurzfristig zu kündigen. Der Unternehmer muss in seiner Steuerbilanz über die Laufzeit der abgezinsten Ausleihung eine Zuschreibung auf den Nominalwert vornehmen, vgl. § 6 Abs. 1 Nr. 2 EStG.

Erfolgt die Auszahlung unter Einbehalt eines Damnums, muss der Unternehmer auch in seiner Steuerbilanz die Ausleihung mit dem Rückzahlungsbetrag aktivieren. Das einbehaltene Damnum ist unter dem passiven Rechnungsabgrenzungsposten zu passivieren und über die Laufzeit des Darlehens erfolgswirksam aufzulösen. Dieser Ansatz spiegelt den Grundsatz der Maßgeblichkeit der Handels- für die Steuerbilanz wider.

2.3.6.3 SONDERFÄLLE

2.3.6.3.1 Möglichkeit der Aktivierung einer Differenz zwischen Auszahlungsbetrag und Zeitwert

Es besteht in engen Grenzen die Möglichkeit die Differenz zwischen Auszahlungsbetrag und Zeitwert zu aktivieren, wenn dem Unternehmen, in dem die Ausleihung bilanziert wird, für die Zinskonditionen Vorteile eingeräumt werden. Solche Vorteile ergeben sich zum Beispiel aus Belegungsrechten bei der Gewährung zinsloser Wohnungsbaudarlehen. Die Ausleihungen werden mit ihrem Zeitwert in der Bilanz ausgewiesen und die erworbenen Rechte als immaterielle Vermögensgegenstände.

2.3.6.3.2 Fremdwährungen

Werden Ausleihungen in Fremdwährung erworben, sind die Fremdwährungen unter Anwendung des Devisenkassamittelkurses nach § 256a HGB am Abschlussstichtag umzurechnen. Der sich aus der Umrechnung ergebene Betrag ist – entgegen dem Realisationsprinzip und dem Imparitätsprinzip – zu bilanzieren, auch wenn dadurch die Anschaffungskosten der Ausleihung überschritten werden. Dies gilt jedoch nur, wenn die Restlaufzeit nicht mehr als 12 Monate ab dem Bilanzstichtag beträgt. Der die Anschaffungskosten übersteigende Betrag ist erfolgswirksam als Zugang zu verbuchen.

2.3.6.3.3 Kein Vorliegen einer voraussichtlich dauernden Wertminderung

Keine voraussichtlich dauernde Wertminderung ist anzunehmen und damit auch keine Teilwertabschreibung vorzunehmen, wenn es sich um eine unverzinsliche Darlehensforderung gegenüber einer Tochtergesellschaft handelt.[185]

2.3.6.3.4 Arbeitgeberdarlehen

Gemäß der BFH-Rechtsprechung erfolgt keine Teilwertabschreibung bei der Bewertung niedrig verzinster oder unverzinster Arbeitgeberdarlehen, weil der Zinsverlust auch ohne vertragliche Vereinbarung unterstellt wird.[186]

---

185 BFH-Urteil vom 24.10.2012 – I R 43/11, EFG 2011, 1988, BeckRS 2011, 95833.

186 BFH GrS 2/93 vom 23.6.1997, BStBl II 97, 735 Tz. 51.

3 Das Anlagevermögen im Anhang

Gemäß den handelsrechtlichen Regelungen ist der Kaufmann eines Handelsgewerbes zur Aufstellung eines Jahresabschlusses zum Ende eines jeden Geschäftsjahres verpflichtet (§ 242 HGB). Dieser Jahresabschluss umfasst regelmäßig eine Bilanz und eine Gewinn- und Verlustrechnung. Darüber hinaus gilt für Kapitalgesellschaften und die Personengesellschaften, bei denen nicht mindestens 1 Vollhafter eine natürliche Person ist (z. B. GmbH & Co. KG) nach § 264 Abs. 1 HGB, dass der Jahresabschluss regelmäßig unter anderem, um einen Anhang zu erweitern ist. Das heißt: Bilanz, Gewinn- und Verlustrechnung und Anhang bilden für diese Gesellschaften den Jahresabschluss, der in den ersten drei Monaten des folgenden Geschäftsjahres aufzustellen ist; bei kleinen Kapitalgesellschaften verlängert sich die Aufstellungspflicht auf 6 Monate nach dem Ende des Geschäftsjahres. Wie die Bilanz und GuV selbst, ist auch der Anhang des Unternehmens so aufzustellen, dass er dem Leser des Jahresabschlusses ein den tatsächlichen Verhältnissen entsprechendes Bild der Vermögens-, Ertrags- und Finanzlage der des Unternehmens vermittelt.

Der Anhang dient hierbei der Informationsvermittlung für den Leser des Jahresabschlusses und hat vor allem Erläuterungs- und Entlastungsfunktion. Daher sollen im Anhang neben den allgemeinen Angaben zum Unternehmen und dem vorliegenden Jahresabschluss auch Angaben zu den angewandten Bilanzierungs- und Bewertungsgrundsätzen enthalten sein sowie auch Erläuterungen zur Bilanz und – soweit notwendig – Gewinn- und Verlustrechnung. Hierbei sollen Änderungen zum Vorjahr hinsichtlich der angewandten Bilanzierungs- und Bewertungsgrundsätze für den Jahresabschlussleser dargestellt und diesem damit eine Vergleichbarkeit der Abschlüsse des Unternehmens und eine Interpretierbarkeit dieser ermöglicht werden. Die Aufnahme der Erläuterungen zur Bilanz und auch zur Gewinn- und Verlustrechnung soll hierbei – auch im Sinne der Übersichtlichkeit und einfachen Lesbarkeit – im Anhang regelmäßig in der Reihenfolge der Bilanzposten (GuV-Positionen) erfolgen[187]. Seiner Entlastungsfunktion kommt der Anhang insbesondere dann nach, wenn dem Bilanzierenden Ausweiswahlrechte für Angaben in der Bilanz und GuV oder wahlweise im Anhang zur Verfügung stehen. Sind für den Abschlussleser notwendige Informationen aus der Bilanz und GuV nicht erkennbar, wie z. B. Risiken aus nicht in der Bilanz enthaltenen Geschäften (§ 285 HGB), kann ein ergänzender Ausweis dieser im Anhang auch dessen Ergänzungsfunktion erfüllen[188].

187 § 284 Abs. 1 HGB.

188 Bertram/Kessler/Müller (2022), Haufe HGB Bilanz Kommentar, zu § 284 HGB, Rz. 7.

3.1 Anlagenspiegel und Inventarverzeichnis

Für den Ausweis des Anlagevermögens im Anhang legt das Handelsrecht in § 284 HGB fest:

> (3) Im Anhang ist die Entwicklung der einzelnen Posten des Anlagevermögens in einer gesonderten Aufgliederung darzustellen. Dabei sind, ausgehend von den gesamten Anschaffungs- und Herstellungskosten, die Zugänge, Abgänge, Umbuchungen und Zuschreibungen des Geschäftsjahres sowie die Abschreibungen gesondert aufzuführen. Zu den Abschreibungen sind gesondert folgende Angaben zu machen:
> 1. die Abschreibungen in ihrer gesamten Höhe zu Beginn und Ende des Geschäftsjahrs,
> 2. die im Laufe des Geschäftsjahrs vorgenommenen Abschreibungen und
> 3. Änderungen in den Abschreibungen in ihrer gesamten Höhe im Zusammenhang mit Zu- und Abgängen sowie Umbuchungen im Laufe des Geschäftsjahres.

Sind in die Herstellungskosten Zinsen für Fremdkapital einbezogen worden, ist für jeden Posten des Anlagevermögens anzugeben, welcher Betrag an Zinsen im Geschäftsjahr aktiviert worden ist.

§ 284 Abs. 3 HGB

Eine gesetzlich vorgeschriebene Form für die Darstellung des Anlagevermögens im Anhang gibt es hingegen nicht. In der Praxis hat sich aber die Aufnahme des **Bruttoanlagespiegels** (Entwicklung des Anlagevermögens) manifestiert, welcher in tabellarischer Form die einzelnen Gliederungsposten des Anlagevermögens und ihre Wertentwicklung darstellt. Zweck der Darstellung des Anlagevermögens in der Form des Anlagenspiegels ist vor allem die Darstellung des im Anlagevermögen gebundenen Unternehmenskapitals, der Altersstruktur der Anlagengüter sowie auch derer Wertentwicklung in zeitlicher Betrachtung[189].

Hierbei geht die tabellarische Auswertung des Anlagevermögens regelmäßig von den gesamten (Brutto-)Anschaffungs- und Herstellungskosten der jeweiligen Gliederungsposten aus, das heißt ohne einen Abzug bereits vorgenommener Abschreibungen. In den weiteren Spalten werden dann die Zugänge und Abgänge des jeweiligen Gliederungsposten – ebenfalls unter Ausweis der Brutto-Anschaffungs-/Herstellungskosten – ausgewiesen und anschließend um etwaig vorgenommene Umbuchungen ergänzt. Sodann erfolgt die Darstellung der Zuschreibungen des Geschäftsjahres (z. B. aufgrund

189 Bertram/Kessler/Müller (2022), Haufe HGB Bilanz Kommentar, zu § 284 HGB, Rz. 58.

von Wertaufholungen) und Abschreibungen des Geschäftsjahres. Aus den so aufgelisteten Werten sind abschließend die Buchwerte zum Schluss des Geschäftsjahres zu saldieren und den Buchwerten zu Beginn des Geschäftsjahres gegenüberzustellen.

Eine mögliche Darstellungsform des Anlagevermögens im Anhang ist daher die nachfolgende:

Anlagenspiegel zum 31.12.2022

Hieronymus GmbH, Berlin

	Anschaffungs-, Herstellungskosten 01.01.2022 EUR	Zugänge Abgänge- EUR	Umbuchungen EUR	kumulierte Abschreibungen 31.12.2022 EUR	Abschreibungen Zuschreibungen- vom 01.01.2022 bis 31.12.2022 EUR	Buchwert 31.12.2022 EUR	Buchwert 31.12.2021 EUR
A. Anlagevermögen							
I. Sachanlagen							
1. andere Anlagen, Betriebs- und Geschäftsaus	12.224,09	3.604,90		14.034,99	1.814,90	1.794,00	4,00
Summe Sachanlagen	**12.224,09**	**3.604,90**		**14.034,99**	**1.814,90**	**1.794,00**	**4,00**
II. Finanzanlagen							
1. Genossenschaftsanteile	765,00			0,00		765,00	765,00
Summe Finanzanlagen	**765,00**			**0,00**		**765,00**	**765,00**
SummeAnlagevermögen	**12.989,09**	**3.604,90**		**14.034,99**	**1.814,90**	**2.559,00**	**769,00**

Abb. 5: Muster Bruttoanlagenspiegel

HINWEIS: Zinsen zu Herstellungskosten

Für in die Herstellungskosten einbezogene Zinsen können hierbei gesonderte Spalten in den Anlagenspiegel aufgenommen werden, um einen Ausweis gemäß den handelsrechtlichen Vorgaben sicherzustellen. Alternativ ist auch die Aufführung eines Davon-Vermerks denkbar[190].

In der täglichen Praxis kommt es bei der Aufstellung des Anlagenspiegels aber auch zu ergänzenden Fragestellungen im Rahmen der Darstellung von Sonderthemen, wie zum Beispiel:

3.1.1 Ausweis geringwertiger Wirtschaftsgüter

Erwirbt das Unternehmen im Geschäftsjahr selbstständig nutzbare Wirtschaftsgüter mit Anschaffungs-/Herstellungskosten bis EUR 800, können diese Wirtschaftsgüter als geringwertiges Wirtschaftsgut (§ 6 Abs. 2 EStG) eingegliedert werden und ihre Anschaffungs-/Herstellungskosten im Jahr der Anschaffung in voller Höhe als Betriebsausgaben abgezogen werden. In der Praxis ist es zumeist üblich, dass aus Vereinfachungsgründen diese Behandlung der angeschafften Wirtschaftsgüter auch für die Handelsbilanz übernommen wird. Zwar ist für die geringwertigen Wirtschaftsgüter der Ausweis in einem besonderen und laufend zu führenden Verzeichnis gemäß §6 Abs. 2 S. 4 EStG notwendig. Es darf auf dieses aber auch verzichtet werden, wenn die notwendigen Angaben (siehe auch Sachanlagen) aus der Buchführung hervorgehen (§6 Abs. 2 S. 5 EStG). Dies und die Tatsache, dass nach Saldierung der Anschaffungs- und Herstellungskosten der geringwertigen Wirtschaftsgüter mit ihrer Abschreibung einen Buchwert von EUR 0 ergibt, hat zur Folge, dass nicht zwingend eine Erfassung dieser Wirtschaftsgüter im Inventar und damit ein Ausweis im Anlagenspiegel erfolgt.

Insbesondere aus betriebswirtschaftlicher Sicht und im Hinblick auf die Übersichtlichkeit des bestehenden Inventars wird in der Praxis jedoch zumeist der Ausweis auch geringwertiger Wirtschaftsgüter in Inventar und Anlagenspiegel befürwortet. Folge dieses Ausweises ist zwar – wie bereits dargestellt –, dass der Buchwert am Ende des Wirtschaftsjahres für die entsprechenden Wirtschaftsgüter mit EUR 0 im Anlagenspiegel ausgewiesen wird, aber mit ihrem Ausweis werden die geringwertigen Wirtschaftsgüter anderseits im Jahr ihrer Anschaffung bzw. Herstellung mit ihren Anschaffungs-/Herstellungskosten als Zugang aufgeführt und in den Folgejahren unter den kumulierten Anschaffungskosten. Dem Leser des Jahresabschlusses liegen damit tiefgreifendere Informationen über die Inventare des Unternehmens vor und auch zu den im Unternehmen durchgeführten Investitionen. Damit ist der Ausweis der geringwertigen Wirtschaftsgüter im Anlagenspiegel auch insbesondere aus finanzwirtschaftlicher Sicht ein Vorteil für das Unternehmen und damit empfehlenswert.

3.1.2 Zugänge zum bestehenden Anlagegut in Folgejahren

Aufgrund von Nachbesserungen, Erweiterungen oder Ähnlichem kann es regelmäßig bei Anlagegütern zu notwendigen Nachaktivierungen in den auf die (Erst-)Anschaffung folgenden Geschäftsjahren kommen. Prädestiniert sind in der Praxis hier die sogenannten anschaffungsnahen Herstellungskosten bei Gebäuden innerhalb der ersten 3 Jahre nach Anschaffung. Aber auch im Fall von Unternehmensverkäufen mit sogenannten Earn-Out-Klauseln kann es zu notwendigen Nachaktivierungen in Folgejahren kommen.

Diese Form der Nachaktivierungen stellen aus bilanzieller Sicht erfolgsneutrale Vermögensumschichtungen dar und führen zu Werterhöhungen der bereits bestehenden Wirtschaftsgüter[191]. Im Anlagenspiegel werden sie regelmäßig im Geschäftsjahr ihrer Entstehung als »Zugang« ausgewiesen.

191 Hoffmann, W.-D./Lüdenbach, N. (2022), NWB Kommentar Bilanzierung, zu §284 HGB, Rz. 83.

Beispiel – Nachaktivierung

Rechtsanwalt Hieronymus hat im WJ 00 eine 5 Jahre alte Büroimmobilie für 1 Mio. EUR inkl. Nebenkosten erworben, in welchem er seine eigenen Kanzleiräume unterhält. Die Anschaffungskosten inkl. Nebenkosten entfallen hierbei zu 700 TEUR auf das Gebäude und zu 300 TEUR auf den Grund und Boden.

Im WJ 00 weist Hieronymus in seinem Anlagespiegel (auszugsweise) folgendes aus:

	Anschaffungs-, Herstellungskosten 1.1.00 EUR	Zugänge Abgänge EUR
A. Anlagevermögen		
II. Sachanlagen	0	1 000 000
1. Grundstücke, grundstücksgleiche Rechte und Bauten...		

Im Anschluss an den Erwerb lässt Hieronymus das Gebäude im WJ 01 umfangreich sanieren. Fenster, Elektrik und Rohre werden erneuert und ergänzt, das Dach neu gedeckt. Für die Sanierungen wendet Hieronymus 150 TEUR auf, mithin mehr als 15 % der Anschaffungskosten. Die Aufwendungen stellen damit – wie bereits unter Sachanlagen erläutert – anschaffungsnahe Herstellungskosten dar und sind über die Nutzungsdauer des Gebäudes abzuschreiben. Im Anlagenspiegel des Hieronymus für das WJ 01 sind die Aufwendungen daher wie folgt auszuweisen:

	Anschaffungs-, Herstellungskosten 1.1.01 EUR	Zugänge Abgänge EUR
A. Anlagevermögen		
II. Sachanlagen	1.000.000	150.000
1. Grundstücke, grundstücksgleiche Rechte und Bauten...		

3.1.3 Erstmalige Verpflichtung zur Aufstellung eines Anlagenspiegels

Aufgrund von Umwandlungen oder auch Änderungen bei der Beurteilung der Größenklasse eines Unternehmens können in der Praxis dazu führen, dass ein Unternehmen erstmals zur Erstellung eines Anlagenspiegels im Rahmen der Anhangerstellung verpflichtet ist. Für die Fälle, in denen für das Unternehmen Probleme bei der Ermittlung der Anschaffungs- und Herstellungskosten der Anlagengüter sowie der Entwicklung derer kumulierter Abschreibungen bestehen, die nur durch hohe und nicht verhältnismäßige Kosten- und Zeitinvestitionen des Unternehmens nachermittelt werden können, lässt das Handelsrecht eine Ausnahme vom Ansatz der tatsächlichen Brutto-Anschaffungs-/Herstellungskosten im Abschluss zu.

In diesen Fällen wird dem betroffenen Unternehmen ermöglicht, statt der tatsächlichen Anschaffungs-/Herstellungskosten den Buchwert des Anlagengutes aus dem Vorjahresabschluss zu übernehmen. Zu beachten ist hierbei jedoch, dass auch hier die tatsächlichen Anschaffungs- bzw. Herstellungskosten die Wertobergrenze bilden.

Macht das Unternehmen von dieser Erleichterungsmöglichkeit Gebrauch ist zu beachten, dass hierüber gesondert im Anhang zu berichten ist.

Die Inventarübersicht – auch Inventarverzeichnis genannt – hingegen enthält eine detaillierte Aufstellung aller in den einzelnen Bereichen (immaterielle Wirtschaftsgüter, Sachanlagen, Finanzanlagen) des Anlagevermögens erfasster und noch im Betriebsvermögen bestehender Anlagegüter. Es gibt dem Leser in der Regel Informationen zu Inventarnummer und Bezeichnung, Anschaffungsdatum, Nutzungsdauer, jährlicher Abschreibung und Buchwert.

Inventarverzeichnis vom 01.01.2022 bis 31.12.2022

Mustermann GmbH
Hamburg

Bezeichnung		Jährliche AfA EUR	AHK WJ-Ende EUR
300	Betriebs- und Geschäftsausstattung	225,12	4.953,69
480	Geringwertige Wirtschaftsgüter	1.246,10	10.531,62
		1.471,22	**16.250,31**

Bezeichnung		AHK-Datum	ND JJ/MM	AfA-%	Jährliche AfA EUR	AHK WJ-Ende EUR
300	**Betriebs- und Geschäftsausstattung**					
300001	PC inkl. Bildschirm	05.08.2021	1/00	100,00		699,68
300002	PC inkl. Bildschirm	06.08.2021	1/00	100,00		802,50
300004	PC inkl. Bildschirm	06.08.2021	1/00	100,00		704,76
300007	PC inkl. Bildschirm	06.08.2021	1/00	100,00		731,63
300008	Microsoft Surface	06.09.2022	3/00	33,33	112,56	1.007,56
300009	Microsoft Surface	08.09.2022	3/00	33,33	112,56	1.007,56
Betriebs- und Geschäftsausstattung					**225,12**	**4.953,69**
480	**Geringwertige Wirtschaftsgüter**					
480001	Siemens Kaffeevollautomat	20.08.2021	1/00	100,00		545,38
480002	Stühle Konfi	24.08.2021	1/00	100,00		348,73
480003	Konfi-Tisch	25.08.2021	1/00	100,00		438,57
480005	Schreibtisch	28.08.2021	1/00	100,00		854,82
480029	Telefonsysstem	03.09.2021	1/00	100,00		1.835,00
480011	Brother Drucker	08.09.2021	1/00	100,00		470,97
480017	Schreibtische höhenverstellbar	09.09.2021	1/00	100,00		896,64
480026	Smartphone	14.12.2021	1/00	100,00		462,10
480027	Smartphone	14.12.2021	1/00	100,00		462,10
480028	Konfitel	14.01.2022	1/00	100,00	526,07	526,07
480030	Scanner	06.09.2022	1/00	100,00	720,03	720,03
Geringwertige Wirtschaftsgüter					**1.246,10**	**10.531,62**
					1.471,22	**16.250,31**

Abb. 6: Muster Inventarverzeichnis

Im Gegensatz zum Anlagenspiegel besteht weder für Kapital- noch für Personengesellschaften eine Verpflichtung zum Ausweis des Inventarverzeichnisses im Anhang.

3.2 Kleinstkapitalgesellschaft

Zur Entlastung kleiner Kapitalgesellschaften wurden in den vergangenen Jahren Regelungen eingeführt, welche die Gesellschaften unter bestimmten Voraussetzungen von der Aufstellung eines Anhangs im Jahresabschluss befreien. Die Befreiung ist in der Regel größenabhängig.

Erleichterungen in der Umsetzung der handelsrechtlichen Vorgaben für den Jahresabschluss und seine Inhalte hat der Gesetzgeber zum Beispiel für Kleinstkapitalgesellschaften geschaffen. Als Kleinstkapitalgesellschaften gilt nach Handelsrecht grundsätzlich die Gesellschaft, die

> (1) ... mindestens zwei der drei nachstehenden Merkmale nicht überschreiten:
> 1. 350 000 Euro Bilanzsumme;
> 2. 700 000 Euro Umsatzerlöse in den zwölf Monaten vor dem Abschlussstichtag;
> 3. im Jahresdurchschnitt zehn Arbeitnehmer.
>
> § 267a HGB

Unabhängig von der Erfüllung der vorstehenden Größenmerkmale ist aber auch im Handelsgesetzbuch festgehalten, dass für
- Investmentgesellschaften (§ 1 Abs. 11 Kapitalanlagegesetzbuch),
- Unternehmensbeteiligungsgesellschaften (§ 1a Abs. 1 Gesetz über Unternehmensbeteiligungsgesellschaften) und
- reine Beteiligungsunternehmen (Geschäftszweck ist ausschließlich Erwerb, Verwaltung, Verwertung von Beteiligungen)

die **Erleichterungen** für Kleinstkapitalgesellschaften **nicht anwendbar** sind[192].

Nach den Regelungen des Handelsrechts gelten für Kapitalgesellschaften oder ihnen gleichgestellte Personenhandelsgesellschaften, die keine Investment- oder Unternehmensbeteiligungsgesellschaft im Sinne des § 267a HGB ist und gemäß den Größenmerkmalen des § 267a HGB als Kleinstkapitalgesellschaft anzusehen sind, grundsätzlich die Regelungen für kleine Kapitalgesellschaften[193].

---

192 § 267a Abs. 3 HGB.
193 § 267a Abs. 2 HGB.

Ergänzend hierzu **kann** die Kleinstgesellschaft aber auch gem. §264 Abs. 1 S. 5 HGB auch **auf** die Jahresabschlusserweiterung um einen **Anhang verzichten**.

Voraussetzung hierfür ist, dass die Kleinstgesellschaft
- Angaben zu den Haftungsverhältnissen gem. §268 Abs. 7 HGB,
- Angaben zu den Gesamtbezügen von Mitgliedern der Geschäftsführung gem. §285 Nr. 9 B. c HGB sowie
- bei Aktiengesellschaften: etwaig notwendige Angaben zum Bestand an eigenen Aktien gem. §160 Abs. 3 S. 2 AktG

unter ihrer Bilanz aufführt.

Der mögliche Verzicht der Kleinstgesellschaft auf die Anhangerstellung hat damit für diese auch regelmäßig den Verzicht der Darstellung der Entwicklung des Anlagevermögens (Anlagenspiegel) im Anhang zur Folge.

Es steht hierbei der Kleinstkapitalgesellschaft frei, von dieser durch das Handelsrecht gewährten Erleichterung Gebrauch zu machen oder aber nicht.

HINWEIS

Erstellt die Kleinstkapitalgesellschaft oder ihr gleichgestellte Personenhandelsgesellschaft freiwillig einen Anlagespiegel, ist dieser laut Handelsrecht nach den geltenden Vorschriften für mittelgroße Gesellschaften aufzustellen und bei Abweichungen von diesem Aufstellungsgebot, sind diese gesondert zu erläutern.

3.3 Kleine Kapitalgesellschaft

Das Handelsrecht definiert die kleine Kapitalgesellschaft in §267 Abs. 1 HGB wie folgt:

(1) Kleine Kapitalgesellschaften sind solche, die mindestens zwei der drei nachstehenden Merkmale nicht überschreiten:
1. 6 000 000 Euro Bilanzsumme.
2. 12 000 000 Euro Umsatzerlöse in den zwölf Monaten vor dem Abschlussstichtag
3. Im Jahresdurchschnitt fünfzig Arbeitnehmer.

§267 Abs. 1 HGB

Eine Änderung der Größenklasse tritt nur ein, wenn in zwei aufeinanderfolgenden Geschäftsjahren die vorgenannten Werte zum Abschlussstichtag über- oder unterschritten wurden (§267 Abs. 4 HGB).

Kleine Kapitalgesellschaften sind handelsrechtlich zur Aufstellung ihres Jahresabschlusses innerhalb der ersten 6 Monate des auf das abgelaufene Geschäftsjahr folgenden Jahres verpflichtet und hier auch regelmäßig um die Ergänzung des Jahresabschlusses um einen Anhang gem. §264 Abs.1 HGB. Eine grundsätzliche Befreiung von den Anhangangaben kommt für die kleinen Gesellschaften zwar nicht in Betracht, aber das Handelsrecht sieht dennoch verschiedentliche Erleichterungen für die kleinen Gesellschaften auch im Bereich der Pflichtangaben im Anhang vor.

Pflichtangaben im Anhang einer kleinen Kapitalgesellschaft

Im Hinblick auf das Anlagevermögen gehören zu den Pflichtangaben im Anhang einer kleinen Kapitalgesellschaft:

Gem. §277 Abs. 3 HGB	Angabe von außerplanmäßigen Abschreibungen gem. §253 Abs. 3 Satz 5 und 6 HGB, sofern nicht bereits in der Gewinn- und Verlustrechnung ausgewiesen
Gem. §284 Abs. 2 Nr. 4 HGB	Angabe von in die Herstellungskosten eingezogene Fremdkapitalzinsen
Gem. §285 Nr. 13 HGB	Erläuterungen zum Abschreibungszeitraum entgeltlich erworbener Geschäfts- und Firmenwerte
Gem. §285 Nr. 20 HGB	Erläuterungen zur Bestimmung des beizulegenden Zeitwertes bewerteter Finanzinstrumente sowie Angaben zu ihrer Art und Umfang

Hinweise zu den in der Tabelle genannten Paragrafen

§277 Abs. 3 HGB: Angaben zu außerplanmäßigen Abschreibungen sind grundsätzlich für alle Formen des Anlagevermögens (z. B. Sachanlagen, Finanzanlagen) aufzunehmen, sofern diese im Wirtschaftsjahr erfolgten. Allerdings kann eine Angabe dieser Abschreibungen im Anhang entfallen, wenn die außerplanmäßigen Abschreibungen an anderer Stelle gesondert ausgewiesen wurden. Ein entsprechender Ausweis erfolgt in der Praxis zumeist bereits in der Gewinn- und Verlustrechnung des Jahresabschlusses, sodass eine weitere Angabe im Anhang im Regelfall entbehrlich sein sollte.

§284 Abs. 2 Nr. 4 HGB: Soweit Fremdkapitalzinsen in die Herstellungskosten nach §255 Abs. 3 HGB einbezogen werden, bedarf es ihrer Erläuterung im Anhang. Notwendig ist hierbei jedoch lediglich der Umfang der einbezogenen Zinsen.

§285 Nr. 13 HGB: Während das Steuerrecht eine 15jährige Nutzungsdauer für den entgeltlich erworbenen Geschäfts- und Firmenwert unterstellt, geht das Handelsrecht regelmäßig von einer planbaren Nutzungsdauer aus und beschränkt sich hierbei auf den voraussichtlichen Nutzungszeitraum (§253 Abs. 3 HGB). Wie bereits zu den Bilanzposten Geschäfts- und Firmenwert erläutert ist im Handelsrecht ein Nutzungszeitraum von minimal 5 und maximal 10 Jahren anzusetzen, wenn eine klare Abgrenzung und

Bestimmung der voraussichtlichen Nutzungsdauer anders nicht schätzbar ist (§ 253 Abs. 3 S. 4 HGB).

Die geschätzte Nutzungsdauer eines Geschäfts- und Firmenwertes wird von diversen äußeren Faktoren beeinflusst und kann daher nicht über eine Gruppe größen- oder branchengleicher Unternehmen o.ä. gleichförmig angesetzt werden. Vielmehr ist eine unternehmensindividuelle Prüfung unerlässlich. Mögliche Faktoren z. B. sind:

- Laufzeit von mit dem Unternehmen erworbenen Verträgen zu Absatz und Beschaffung
- Lebenszyklus von Produkten des erworbenen Unternehmens
- Erkenntnisse zur Brachen-Bestandsdauer des erworbenen Unternehmens
- Informationen zur voraussichtlichen Dauer der Beherrschung des erworbenen Unternehmens

Die sich hierdurch nicht gleichförmig verhaltene Anwendung der Nutzungsdauer für entgeltlich erworbene Geschäfts- und Firmenwerte erfordert daher im Anhang für den Jahresabschlussadressaten eine entsprechende Erläuterung der Nutzungsdauer als solches und der in die Bestimmung dieser einbezogenen Hintergründe.

Beispielformulierung im Anhang: Ansatz Höchstzeitraum

Für den aktivierten, entgeltlich erworbenen Geschäfts- und Firmenwert erfolgte der Ansatz der Höchstnutzungsdauer von 10 Jahren, da eine verlässliche Schätzung der Nutzungsdauer aufgrund der multiplexen Einflussfaktoren auf diese nicht möglich war.

Beispielformulierung im Anhang: verlässlich schätzbare Nutzungsdauer

Für den aktivierten, entgeltlich erworbenen Geschäfts- und Firmenwert wurde der Ansatz einer planmäßigen Nutzungsdauer von 5 Jahren unterstellt. Der Ansatz begründet auf der voraussichtlichen Beherrschungsdauer des erworbenen Unternehmens.

WICHTIG

Der bloße Verweis auf den Ansatz der steuerlichen Nutzungsdauer von 15 Jahren auch für das Handelsrecht ist – insbesondere auch im Hinblick auf die Abschaffung der umgekehrten Maßgeblichkeit – nicht ausreichend.

§ 285 Nr. 20 HGB: Die notwendigen Angaben zum beizulegenden Zeitwert der Finanzinstrumente sind grundsätzlich zu allen Finanzinstrumenten vorzunehmen, die nach mit diesem Wert bewertet wurden. Hierbei ist es unerheblich ob die Finanzinstrumente ausgewiesen sind und wenn ja, in welchem Posten.

Auch die Aufnahme des Anlagenspiegels in den Anhang der kleinen Gesellschaft ist handelsrechtlich nicht explizit ausgeschlossen oder einem Wahlrecht unterworfen. Der Anlagenspiegel nach § 264 Abs. 1 HGB ist damit stets Bestandteil des Anhangs der kleinen Kapitalgesellschaft.

3.4 Mittelgroße und große Gesellschaft

Überschreitet eine Gesellschaft mindestens zwei der für kleine Kapitalgesellschaften gesetzten Größenmerkmale, sprechen wir vom Vorliegen einer mittelgroßen Kapitalgesellschaft – soweit diese mindestens zwei der für die mittelgroßen Gesellschaften vorgegebenen Größenmerkmale nicht überschreitet. Gem. § 267 Abs. 2 HGB sind dies:

> (2) Mittelgroße Kapitalgesellschaften sind solche, die mindestens zwei der drei in Absatz 1 bezeichneten Merkmale überschreiten und jeweils mindestens zwei der drei nachstehenden Merkmale nicht überschreiten:
>
> 1. 20 000 000 Euro Bilanzsumme.
> 2. 40 000 000 Euro Umsatzerlöse in den zwölf Monaten vor dem Abschlussstichtag
> 3. Im Jahresdurchschnitt zweihundertfünfzig Arbeitnehmer.
>
> *§ 267 Abs. 2 HGB*

Werden die vorstehenden Größenangaben überschritten liegt eine große Kapitalgesellschaft vor.

Auch für mittelgroße und große Gesellschaften sind die Pflichtangaben im Anhang handelsrechtlich abschließend geregelt. Aufgrund der Unternehmensgröße und damit auch erhöhten Relevanz von abschließenden Erläuterungen zu Bilanz und Gewinn- und Verlustrechnung für den Jahresabschlussadressaten gibt es für die mittelgroßen und großen Gesellschaften keine Aufstellungserleichterungen mehr, wie man sie beispielsweise von der Kleinstgesellschaft kennt (z. B. Verzicht auf den Anhang). Während die kleine Kapitalgesellschaft von der Aufstellung eines Lageberichts der Gesellschaft nach § 264 Abs. 1 S. 1, 4 HGB befreit ist, ist die Aufstellung eines solchen für die mittelgroße und große Kapitalgesellschaft verpflichtend. So ist der Anhang und damit auch der Anlagenspiegel zwingender Bestandteil der mittelgroßen und großen Kapitalgesellschaften.

Pflichtangaben im Anhang der mittelgroßen und großen Kapitalgesellschaften

Neben Anhang und Anlagenspiegel sind folgende Erläuterungen in den Anhang zum Anlagevermögen mit aufzunehmen:

Gem. §277 Abs. 3 HGB	Angabe von außerplanmäßigen Abschreibungen gem. §253 Abs. 3 Satz 5 und 6 HGB, sofern nicht bereits in der Gewinn- und Verlustrechnung ausgewiesen
Gem. §284 Abs. 2 Nr. 4 HGB	Angabe von in die Herstellungskosten eingezogene Fremdkapitalzinsen
Gem. §284 Abs. 3 HGB	Darstellung des Bruttoanlagespiegel
Gem. §285 Nr. 11 HGB	Angabe über Beteiligungsverhältnisse
Gem. §285 Nr. 13 HGB	Erläuterungen zum Abschreibungszeitraum entgeltlich erworbener Geschäfts- und Firmenwerte
Gem. §285 Nr. 18 HGB	Angabe Finanzinstrumenten der Finanzanlagen
Gem. §285 Nr. 19 HGB	Erläuterung, soweit bilanzierte derivate Finanzinstrumente nicht mit dem beizulegenden Zeitwert bewertet wurden
Gem. §285 Nr. 20 HGB	Erläuterungen zur Bestimmung des beizulegenden Zeitwertes bewerteter Finanzinstrumente sowie Angaben zu ihrer Art und Umfang
Gem. §285 Abs. 22 HGB	Angabe der Forschungs- und Entwicklungskosten zu selbstgeschaffenen immateriellen Vermögensgegenständen

Hinweise zu den in der Tabelle genannten Paragrafen

§277Abs. 3 HGB: Angaben zu außerplanmäßigen Abschreibungen sind grundsätzlich für alle Formen des Anlagevermögens (z. B. Sachanlagen, Finanzanlagen) aufzunehmen, sofern diese im Wirtschaftsjahr erfolgten. Allerdings kann eine Angabe dieser Abschreibungen im Anhang entfallen, wenn die außerplanmäßigen Abschreibungen an anderer Stelle gesondert ausgewiesen wurden. Ein entsprechender Ausweis erfolgt in der Praxis zumeist bereits in der Gewinn- und Verlustrechnung des Jahresabschlusses, sodass eine weitere Angabe im Anhang im Regelfall entbehrlich sein sollte.

§284 Abs. 2 Nr. 4 HGB: Soweit Fremdkapitalzinsen in die Herstellungskosten nach §255 Abs. 3 HGB einbezogen werden, bedarf es ihrer Erläuterung im Anhang. Notwendig ist hierbei jedoch lediglich der Umfang der einbezogenen Zinsen.

§284 Abs. 3 HGB: Der Bruttoanlagenspiegel ist grundsätzlich darzustellen.

§285 Abs. 11 HGB: Zu in den Finanzanlagen ausgewiesenen Beteiligungsverhältnisses der Kapitalgesellschaft sind im Anhang im Wesentlichen die nachfolgenden Angaben zu machen:

- Name und Sitz der Gesellschaft zu der ein Beteiligungsverhältnis besteht
- Höhe des Kapitalanteils sowie

- des Eigenkapitals der Gesellschaft.
- Des Weiteren ist eine Angabe zum gesamten Jahresergebnis der Gesellschaft zu der ein Beteiligungsverhältnis besteht zu machen für das letzte Jahr, für das ein Jahresabschluss vorliegt.

WICHTIG

Gemäß Handelsrecht sind Angaben für alle direkten und indirekten Beteiligungen im Anhang aufzunehmen unabhängig davon, ob diese im In- oder Ausland bestehen (§ 271 HGB).

Auf stille Gesellschaften hingegen ist mangels Vorliegen eines Außenverhältnisses die Angabepflicht nicht anzuwenden.

§ 285 Nr. 13 HGB: hierzu wird auf die Ausführungen unter 3.3 verwiesen

§ 285 Nr. 18 HGB: Mit dieser Vorschrift wird die Angabe der Finanzanlagen im Anhang geregelt, für welche eine außerplanmäßige Abschreibung nicht vorgenommen wurde und deren Ausweis in der Bilanz zum beizulegenden Zeitwert erfolgte. Mit der Anhangangabe soll dem Jahresabschlussadressaten vor allem eine sich etwaig im Bereich Finanzanlagen bestehende stille Last sichtbar gemacht werden, da die bilanziellen Wertansätze vom tatsächlichen Wert abweichen.

Beispielformulierung im Anhang

Der Aktienbestand der Hieronymus GmbH weist zum Bilanzstichtag einen Bestand von 40.000 EUR aus. Dem Ausweis der Finanzanlagen liegt ein Wertansatz von 320 Aktien zu je 125 EUR zu Grunde. Zum Bilanzstichtag lag eine vorübergehende Wertminderung der Finanzanlagen vor, da der Wert je Aktie auf 110 EUR gefallen ist. Bis zum Stichtag der Bilanzaufstellung ist eine Wertaufholung zu verzeichnen, sodass von einer außerplanmäßigen Abschreibung der Finanzanlagen zum Bilanzstichtag verzichtet wurde.

§ 285 Nr. 19 HGB: Derivative Finanzinstrumente sind in der Regel von der Preisentwicklung anderer Finanzprodukte abhängig. Wie auch bei den zum beizulegenden Zeitwert angesetzten Finanzprodukten soll auch hier der Jahresabschlussadressat Informationen zum Bestand derivater Finanzinstrumente erhalten und eine Vergleichbarkeit mit anderen Abschlüssen erzielt werden.

§ 285 Nr. 20 HGB: Die notwendigen Angaben zum beizulegenden Zeitwert der Finanzinstrumente sind grundsätzlich zu allen Finanzinstrumenten vorzunehmen, die nach mit diesem Wert bewertet wurden. Hierbei ist es unerheblich ob die Finanzinstrumente ausgewiesen sind und wenn ja, in welchem Posten.

§ 285 Nr. 22 HGB: Soweit die Kapitalgesellschaft Forschungs- und Entwicklungskosten zu selbstgeschaffenen immateriellen Wirtschaftsgütern nach § 248 Abs. 2 HGB aktiviert, sind für Informationszwecke und zur besseren Detailierung des Aufwandszwecks im Anhang sowohl die im Geschäftsjahr angefallenen Forschungs- und Entwicklungskosten als auch der Anteil der hiervon aktivierten Aufwendungen darzulegen.

4 Finanzwirtschaftliche Aspekte

4.1 Ein Vergleich zwischen Kauf, Miete, Leasing, Mietkauf

Sowohl im Rahmen von Erstanschaffungen des Anlagevermögens eines Unternehmens als auch für die Erneuerung von Anlagegütern stellt sich Unternehmern regelmäßig die Frage, wie diese finanziert werden sollen. Hier kommen neben der Finanzierung aus Eigenkapital oder auch Fremdkapital vor allem die Finanzierung durch Leasing oder Mietkaufverträge in Betracht. Hierbei hat das Leasing in den vergangenen Jahren nicht nur für Pkw erheblich an Popularität gewonnen und gewinnt auch weiterhin mit Blick auf den Corona-Krisenmodus der vergangenen Jahre und die aktuell steigende Inflation an Attraktivität.

Die Entscheidung, welche Finanzierungsform am besten zum Unternehmen und der geplanten Investition passt und welche Auswirkungen diese auf die Liquidität und die Bilanz hat, ist aber nicht einheitlich zu treffen. Vielmehr ist hier die individuelle Beleuchtung notwendig. Ausschlaggebend sind für die Überlegungen zum Beispiel die Fragen nach dem Eigentum, dem Bilanzausweis und seiner Wirkung gegenüber dem Leser, aber auch zu den steuerlichen Auswirkungen der Investitionen.

4.1.1 Kauf

Der Kauf von Anlagegütern erfolgt in der Regel mit Eigen- oder Fremdmitteln durch das Unternehmen. Auch Mischfinanzierungen (Teil-Fremdfinanzierung) kommen hier aber in Betracht. Mit dem Kauf der Anlagegüter wird das Unternehmen regelmäßig sowohl zivilrechtlicher als auch wirtschaftlicher Eigentümer und hat damit das Anlagegut mit Zugang zum wirtschaftlichen Eigentum und vollständiger Nutzungsfähigkeit in seiner Bilanz auszuweisen.[194]

Eine Finanzierung aus Eigenmitteln hat hierbei eine Minderung der Unternehmensliquidität zur Folge und führt beim Bilanzausweis zu einem reinen Aktivtausch. D. h. in der Regel verschieben sich die Vermögensstände des Unternehmens innerhalb Ihrer Flüssigkeit im Rahmen der Liquidierbarkeit. Hierbei ist aber auch ergänzend eine höhere Anlagenquote erzielbar.

194 §§ 247 Abs. 1, 253, 266 Abs. 2 B. A HGB.

Beispiel

Das Busunternehmen Hieronymus GmbH kauft einen neuen Reisebus für 120.000 EUR netto und finanziert den Kauf zu 20.000 EUR durch Inzahlunggabe des alten Busses sowie in Höhe von 100.000 EUR durch Barmittel. Mit dem Kauf und erfolgter Auslieferung wird die Hieronymus GmbH zivilrechtlicher und wirtschaftlicher Eigentümer des Busses und nimmt einen entsprechenden Bilanzausweis vor (siehe auch Kapitel 2.2).

In der Bilanz stellt sich nunmehr folgende Verschiebung des Vermögens hinsichtlich seiner Flüssigkeiten dar:

- Minderung Sachanlagen (geringe Flüssigkeit) 20.000 EUR
- Erhöhung Sachanlagen (geringe Flüssigkeit) 120.000 EUR
- Minderung liquide Mittel (hohe Flüssigkeit) 100.000 EUR

Für externe und interne Jahresabschlussleser lässt sich damit zwar ein unverändert hoher Vermögensbestand des Unternehmens erkennen, es ist aber auch sichtbar, dass der GmbH – im Falle von hohen Zahlungsverbindlichkeiten – weniger liquide Mittel zur Verfügung stehen.

Eine teilweise oder vollständige Finanzierung aus Fremdkapital kann für Unternehmen hierzu abweichend insbesondere zur Vermeidung einer Liquiditätsschwächung interessant sein. Wird die Fremdfinanzierung als Mittel gewählt, erhöhen sich die Vermögensgegenstände des Unternehmens durch den Kauf es entstehen aber auch in gleicher Weise Verbindlichkeiten (Aktiv-Passiv-Tausch). Die Erhöhung des Verbindlichkeitsausweises führt regelmäßig auch zu einer Verminderung der Eigenkapitalquote und sollte insbesondere in den Fällen mit im Blick behalten werden, in denen die Eigenkapitalquote des Unternehmens auch ohne eine zusätzliche Fremdfinanzierung unterhalb des Durchschnitts liegt, ist sie doch auch ein Gradmesser für das Unternehmensrisiko und dessen Bonität.

HINWEIS

In Deutschland spricht man von einer durchschnittlichen Eigenkapitalquote im Bereich zwischen 20 bis 25 %.

Des Weiteren sollte das Unternehmen beim Eingehen weiterer Fremdkapitalfinanzierungen immer im Blick behalten, dass eine Fremdfinanzierung je nach Kreditform zu einer dauerhaften Zahlungsverbindlichkeit für Zins und Tilgung führt, die im Rahmen der vorausschauenden Liquiditätsplanung mit einzukalkulieren sind. Auch hohe Endtilgungen sind heute keine Seltenheit (z. B. Ballonfinanzierung). Mögliche Kreditformen sind:

- Ratenkredit mit oder ohne Ballonrate
- Annuitätendarlehen (gleichbleibende Rate bei sinkendem Zinsanteil)
- Akzeptkredit (Wechselkredit/Kreditleihe durch das Kreditinstitut)
- Avalkredit (Bankbürgschaft unter Zahlung einer Avalprovision)
- Betriebsmittelkredit
- Blankokredit

- Dispositionskredit
- Lieferantenkredit (z. B. Zahlungsziel 30 Tage vs. Skontogewährung bei Zahlung innerhalb von 7 Tagen)
- Unternehmerkredit

Hinweis

Insbesondere Lieferanten- und Dispositionskredite stechen durch zumeist hohe Zinsverbindlichkeiten heraus und sind daher zumeist nur zur kurzfristigen Finanzierung geeignet.

Aber auch die steuerliche Auswirkung der Investition ist von Bedeutung für das Unternehmen. Hierbei ist zu beachten, dass bei dem Erwerb von abnutzbaren Anlagegütern diese regelmäßig sowohl handels- als auch steuerrechtlich gleichförmig über die Laufzeit ihrer Nutzungsdauer abzuschreiben sind (siehe auch Kapitel 2.2). D. h. trotz Minderung der Liquidität und/oder Eingehung von Verbindlichkeiten mindert sich der Gewinn des Unternehmens jährlich nur in Höhe der möglichen zeitanteiligen Abschreibung. Lediglich im Rahmen der Fremdfinanzierung stellen die hierbei anfallenden Zinsen eine weitere Betriebsausgabe für das Unternehmen dar.

4.1.2 Miete und Leasing

Anders verhält es sich beim Leasing und der Miete. In seiner Grundform ist dem Leasing gemein, dass der Leasinggeber weiterhin (mindestens zivilrechtlicher) Eigentümer des Leasinggegenstandes bleibt. D. h. es erfolgt hier zumeist kein Bilanzausweis des Leasinggutes in der Bilanz des Leasingnehmers. Die Finanzierung des Leasings erfolgt über die meist langjährige Vertragslaufzeit über die Leasingraten. Aber auch hier sind Leasinganzahlungen insbesondere bei größeren Anlagegütern (z. B. Pkw, Lkw, Produktionsmaschine) keine Seltenheit.

Bei der Wahl dieser Finanzierungsform ist regelmäßig zu bedenken, das Leasingverträge zumeist auch Einschränkungen für den Leasingnehmer mit sich bringen, die vorab zu prüfen sind. Mangels Eigentums ist ein Verkauf in schlechten Zeiten nicht möglich, schlechte Konditionen können eine vorzeitige Vertragsbeendigung teuer werden lassen, es kann zu Auflagen hinsichtlich, Leistungskilometer, Versicherungs- und oder Werkstattwahl kommen usw. Die Flexibilität des Unternehmens im Umgang mit dem Leasinggut ist recht gering. Nicht jedem Unternehmen sind solche Einschränkungen lieb. Auch ist die notwendige Ablösezahlung beim Leasing durch überhöhte Wertverluste des Leasinggegenstandes am Ende der Vertragslaufzeit nicht unüblich, insbesondere sind die wertbeeinflussenden Auslöser selbstverschuldet (z. B. Ablöse bei erzielten Mehrkilometern, Zusatzzahlung bei Wertminderung aufgrund selbstverschuldeten Unfalls).

Aber Leasing bietet auch Vorteile. So kann z. B. bei einem geringen Bestand an liquiden Mitteln die Leasingfinanzierung das Mittel der Wahl sein, wenn es darum geht die Aufnahme von in der Bilanz auszuweisenden Verbindlichkeiten gegenüber Kreditinstituten oder Dritten oder den Abfluss von Eigenkapital zu vermeiden. Die Kapitalbindung bleibt beim Leasing weiter hoch. Und auch die Eigenkapitalquote wird dadurch für den Bilanzleser nicht abgesenkt. Werden etwaige weitere Fremdmittel benötigt, kann eine Fremdfinanzierung ggf. leichter erzielt werden. Des Weiteren kann der Leasingnehmer insbesondere beim Leasing von sehr wertanfälligen Leasinggütern, die insbesondere in den ersten drei Jahren einen hohen Wertverlust mit sich bringen (z. B. Pkw) von einem niedrigeren Wertverlustrisiko profitieren. Die vertraglichen Laufzeiten und -regelungen bringen aber auch eine gewisse Planungssicherheit für das Unternehmen mit sich, die nicht nur bei schwankendem Geschäft nicht zu unterschätzen sind.

Wie bereits eingehend kurz erwähnt, erfolgt beim Leasing zumeist kein Bilanzausweis beim Leasingnehmer. D. h. je nach Gestaltungsform des Leasingvertrages kann es hier abweichend sehr wohl zum Bilanzausweis beim Leasingnehmer kommen, nämlich immer dann, wenn dem Leasingnehmer das wirtschaftliche Eigentum am Leasinggut zu zuordnen ist. Die Finanzverwaltung hat hier für die Bestimmung der Zuordnung des wirtschaftlichen Eigentums in den vergangenen Jahren bereits verschiedene Leasingerlasse herausgegeben (mit Teil- und Vollamortisation), die regelmäßig mangels anderer Detailausführungen im Handelsrecht auch für dieses angewendet werden. Die Leasingerlasse betrachten für die Bestimmung der wirtschaftlichen Zugehörigkeit regelmäßig auf den jeweiligen Vertragsinhalt zur Ausgestaltung des Leasingverhältnisses ab und sind im Einzelfall eingehend zu prüfen.[195]

Nicht zu vernachlässigen ist aber auch die steuerliche Auswirkung bei der Entscheidung für das Leasing und der Zuordnung des wirtschaftlichen Eigentums beim Leasinggeber. In diesem Fall führen die Leasingraten – wie bereits geschrieben – regelmäßig zu sofort abzugsfähigen Betriebsausgaben für das Unternehmen. Sie sind damit gewinnmindernd und auch steuermindernd.

Hinweis

Etwaige Leasinganzahlungen sind i. d. R. als aktiver Rechnungsabgrenzungsposten anzusetzen und über die Vertragslaufzeit gewinnmindernd abzuschreiben.

195 Ertragsteuerliche Behandlung von Leasing-Verträgen über bewegliche Wirtschaftsgüter, BMF vom 19.4.1971 (BStBl I S. 264); Ertragsteuerliche Behandlung von Finanzierungs-Leasing-Verträgen über unbewegliche Wirtschaftsgüter, BMWF vom 21.3.1972 (BStBl I S. 188); Steuerrechtliche Zurechnung des Leasing-Gegenstandes beim Leasing-Geber, BMF vom 22.12.1975; Ertragsteuerliche Behandlung von Teilamortisations-Leasing-Verträgen über unbewegliche Wirtschaftsgüter, BMF vom 23.12.1991 (BStBl 1992 I S. 13).

Gewerbesteuerlich ergibt sich bei Leasingzahlungen für bewegliche Wirtschaftsgüter eine Hinzurechnungspflicht für Unternehmen von 1/5 der Leasingraten im Rahmen der Ermittlung des Gewerbeertrags.[196] Auch diese Hinzurechnung sollte bei einem Vergleich der Finanzierungsformen stets mit betrachtet werden, kann sie doch – insbesondere bei hohen Leasingraten und bereits bestehenden sonstigen hohen Hinzurechnungen nach § 8 Nr. 1 GewStG zu einer anderen steuerlichen Belastung führen.

Hinweis

Die Einflüsse der Wahl der Finanzierungsform auf das Unternehmen und seine Finanzplanung können sich auch im Laufe der Zeit ändern. Die Form der Finanzierung sollte daher bei jeder Neuanschaffung individuell neu geprüft werden.

Anforderungsänderungen treten aber auch abweichend von einer Neuinvestition eventuell auf, zum Beispiel wenn aufgrund schlechter Produktabnahme kurzfristig dringend liquide Mittel benötigt werden. In den vergangenen Jahren haben daher auch Vertragskonstellationen an Bedeutung gewonnen wie der

- sale-and-lease-back-Vertrag und der
- sale-and-buy-back-Vertrag.

4.1.3 Mietkauf

Eine weitere Finanzierungsmöglichkeit besteht für Unternehmen durch den Abschluss von sogenannten Mietkaufverträgen. Während der Grundvertrag einem klassischen Mietvertrag entspricht, ist für dessen Vertragslaufzeitende der Kauf des Anlagegutes durch den Mieter beabsichtigt. Dabei wird im Wesentlichen zwischen zwei Formen des Mietkaufs unterschieden:

Unechter Mietkauf

- der Kauf des Wirtschaftsgutes ist angestrebt,
- der vereinbarte Mietzins ist im Verhältnis zu den Anschaffungskosten unmäßig erhöht
- der Mietkaufgegenstand ist dem Mietkäufer bilanziell zu zurechnen
- bilanzielle Behandlung entspricht damit der eines Kaufs mit Fremdfinanzierung

Echter Mietkauf

- Im Vordergrund steht die Miete, d. h. der Kauf des Wirtschaftsgutes ist nicht angestrebt,
- der vereinbarte Mietzins ist dem Verhältnis der Anschaffungskosten entsprechend
- der Mietkaufgegenstand ist dem Mietverkäufer bilanziell zu zurechnen.

196 § 8 Abs. Nr. 1 GewStG.

4.2 Innenfinanzierung durch Anlagevermögen

Die Finanzierung aus eigenem Vermögen, Innenfinanzierung, ist ein wesentlicher Aspekt der Unternehmensführung und -sicherung sowohl für die Finanzierung der Aufwendungen des Tagesgeschäftes als auch der Finanzierung kurz-, mittel- und langfristiger Investitionen. Das Anlagevermögen bietet Unternehmen – neben der Finanzierung aus den eigenen Umsatzerlösen – hierbei eine wesentliche Unterstützungsmöglichkeit zur Innenfinanzierung. Im Wesentlichen können hier folgende Finanzierungsmöglichkeiten genutzt werden:

4.2.1 Finanzierung durch stille Reserven

Sowohl Handels- als auch Steuerrecht unterstellen i. d. R. bei der Bewertung von Anlagevermögen die Anschaffungskosten des Anlagegutes als Höchstwert dieser. Unterwirft man diesen Wertansatz des einzelnen Anlagegutes nun einem direkten Vergleich mit dem Verkehrswert des Anlagegutes, kommt es in der Praxis immer wieder zu einer Wertdifferenz. Eine Unterbewertung in den Büchern des Unternehmens ist in der Praxis oftmals gegeben. Insbesondere für langfristig zum Anlagenbestand des Unternehmens gehörender Gebäude und Grund und Boden ist in den vergangenen Jahren eine Unterbewertung vielerorts aufgrund der erheblichen Steigerungen in den Verkehrswerten der Immobilien gegeben.

Ist diese Unterbewertung durch die Gewinne des Unternehmens gedeckt, ermöglicht sie dem Unternehmen eine stille (auch verdeckte) Selbstfinanzierung. Diese führt dem Unternehmen zum jeweiligen Bewertungsstichtag zwar nicht aktiv neue liquide Mittel zu, eine Selbstfinanzierung erfolgt dann vielmehr in Form von erzielten Steuerstundungen. Wesentlich hierfür ist: Für die Zeit der Bindung der entsprechenden Anlagegüter im Unternehmen, werden die in ihnen ruhenden stillen Reserven nicht aufgedeckt. Das Unternehmen weist vielmehr aufgrund der Unterbewertung (max. Buchwertansatz) einen geringeren Gewinn aus, als dies bei Wertzuschreibung zum Anlagegut in Folge der tatsächlichen Werterhöhung der Fall wäre. Der geminderte Gewinn führt wiederrum zu einer Steuerersparnis für das Unternehmen und damit zu einer Schonung der liquiden Mittel.

Beispiel

Im Anlagenbestand der Hieronymus GmbH, befindet sich ein Grundstück, das mit einem selbstgenutzten Bürogebäude der GmbH bebaut ist. Die Anschaffungskosten für das Grundstück im Jahr 00 betrugen 1,5 Mio. EUR und entfielen mit 850 TEUR auf den Grund und Boden und mit 650 TEUR auf das Gebäude.

Während das Anlagegut für Grund und Boden keiner Abschreibung unterliegt, erfolgte für das selbstgenutzte Geschäftshaus seit Anschaffung eine jährliche Abschreibung in Höhe von

3 % der Anschaffungskosten nach § 7 Abs. 4 Satz 1 Nr. 1 EStG. Mithin weist das Gebäude zum Ablauf des Geschäftsjahres 08 einen Buchwert i. H. v. 494 TEUR aus. Der Gewinn der Gesellschaft Ende 08 beträgt 325 TEUR.

Aufgrund der erheblich angestiegenen Grundstückswerte in den vergangenen 8 Jahren und verschiedener Sanierungs- und Modernisierungsmaßnahmen am Gebäude in den letzten 2 Jahren liegen die Verkehrswerte für das Grundstück zum Ablauf des Geschäftsjahres 08 tatsächlich bei 1 Mio. EUR für den Grund und Boden und 550 TEUR für das Gebäude.

In den Anlagegütern Grund und Boden sowie Gebäude ruhen zum Ende des Geschäftsjahres mithin stille Reserven von insgesamt 206 TEUR aus, die mangels Aufdeckung – den Gewinn gemindert haben und von diesem gedeckt sind.

HINWEIS

Im Rahmen der stillen Selbstfinanzierung unterscheidet man regelmäßig nach der Fristigkeit der jeweiligen stillen Reserven. Nicht abnutzbare Anlagengüter, wie zum Beispiel der Grund und Boden, gehören hiernach zu den dauerhaften stillen Reserven. Abnutzbare Anlagegüter hingegen, wie zum Beispiel Maschinen und Gebäude, gehören zu den langfristigen stillen Reserven.

4.2.2 Finanzierung aus Abschreibungsgegenwert

Die Erfassung von **Abschreibungen** über die Nutzungsdauer der Anlagegüter im Unternehmen führt für diese aufgrund der Wertminderung der Güter regelmäßig zu einer Realisierung von Aufwendungen. Der so realisierte Aufwand führt in der Folge zu einer Gewinnminderung für das betroffene Unternehmen und damit einhergehend auch zu einer verminderten Steuerbelastung und auch geringeren Grundlage für Gewinnausschüttungen an Anteilseigner. Geht man nun davon aus, dass die Abschreibungen bei der Preiskalkulation des Unternehmens für seine angebotenen Produkte berücksichtigt wurde, hat dies weiter zur Folge, dass die Abschreibungen dem Unternehmen über die Umsatzerlöse direkt wieder zufließen. Es ergibt sich also die Freisetzung neuen Kapitals im Unternehmen – **Kapitalfreisetzungseffekt** – welches im Unternehmen verbleibt oder für anderweitige Aufwendungen (z. B. Abbau von Verbindlichkeiten) genutzt werden kann, ohne dass es im Unternehmen der erneuten Kapitaleinsetzung bedarf.

Beispiel

Der Produktionsbetrieb Hieronymus GmbH & Co. KG hat im Wirtschaftsjahr 03 für die Produktion von Käse eine neue Maschine zum Wert von 800 TEUR angeschafft. Die regelmäßige Nutzungsdauer der Maschine liegt bei 10 Jahren. Bei linearer Abschreibung ergibt sich für die GmbH & Co. KG damit eine jährliche Abschreibung von 80 TEUR.

Aus der Geltendmachung des Abschreibungsbetrages ergibt sich für die GmbH & Co. KG ein jährlicher Aufwand von 80 TEUR. Folglich ergibt sich für die ersten 80 TEUR Umsatz des Unternehmens kein Gewinn (80 TEUR UE – 80 TEUR Abschreibung = 0 EUR Gewinn).

Da die Umsatzerlöse dem Unternehmen aber tatsächlich zufließen, ergibt sich eine Kapitalfreisetzung liquider Mittel in Höhe von 80 TEUR.

Eine geplante zur Nutzenmachung der sich über die Abschreibungen ergebenden Kapitalfreisetzung lässt sich insbesondere für Unternehmen mit einem hohen Bestand an Anlagegütern und regelmäßiger Anschaffung neuer Anlagegüter realisieren und ist für diese ein wesentlicher Aspekt der Innenfinanzierung. Voraussetzung ist hierbei aber die gezielte Planung und Betrachtung der sich ergebenden Auswirkungen. So haben sowohl die Werte der Anlagengüter als auch die gewählte Abschreibungsart im Unternehmen und Nutzungsdauer der Anlagegüter einen wesentlichen Einfluss auf die Höhe der Kapitalfreisetzung und auch darauf, ob die Freisetzung gleichmäßig oder schwankend erfolgt. Die Aufstellung eines Abschreibungsplans sollte daher als Grundlage einer geplanten Kapitalfreisetzung durch Abschreibungsgegenwerte regelmäßig Grundlage sein.

Werden die freigesetzten Abschreibungsgegenwerte im Unternehmen nunmehr aber direkt für die Neuanschaffung gleichwertiger Anlagengüter eingesetzt, kann sich für das Unternehmen sogar ein **Kapitalerweiterungseffekt** (sogenannter Lohmann-Ruchti-Effekt) ergeben. D. h. unter Verwendung der über die Umsatzerlöse zugeflossenen Liquidität aus den Abschreibungen werden neue Anlagegüter angeschafft, die in den kommenden Jahren zum einen eine Erhöhung der Abschreibungsbeträge zur Folge haben und zum anderen auch zur Generierung neuer Umsatzerlöse genutzt werden können. Der Effekt der Kapitalerweiterung ist jedoch regelmäßig auf eine bestimmte Menge von Anlagegütern beschränkt. Bis zu welchem Punkt – also der Anschaffung des wievielten Anlagegutes – sich der Kapitalerweiterungseffekt tatsächlich auswirkt, lässt sich mithilfe des Kapitalerweiterungsfaktors (KEF) bestimmen:

$$KEF = \frac{2n}{n+1}$$

n = Nutzungsdauer in Jahren

Beispiel

Käsehersteller Hieronymus GmbH & Co. KG investiert in 03 in sechs neue gleichwertige Produktionsmaschinen, Anschaffungskosten je 25 TEUR. Unter Ansatz der linearen Abschreibung und einer regelmäßigen Nutzungsdauer von 5 Jahren ergibt sich der nachfolgende Kapitalerweiterungsfaktor (KEF):

$$KEF = \frac{2n}{n+1} = \frac{2 \times 5}{5+1} = 1{,}67$$

Daraus folgt, dass der Kapitalerweiterungseffekt auf (6 x 1,67 =) 10 Maschinen begrenzt ist.

Jahr	Anzahl Maschinen (WJ-Beginn)	AK	AfA	AfA + Rest VJ	Investition	Rest (kumuliert)	Zugang Stück	Abgang Stück
1	6	150.000	30.000	30.000	25.000	5.000	1	0
2	7	175.000	35.000	40.000	25.000	15.000	1	0
3	8	200.000	40.000	55.000	50.000	5.000	2	0
4	10	250.000	50.000	55.000	50.000	5.000	2	0
5	12	300.000	60.000	65.000	50.000	15.000	2	6
6	8	200.000	40.000	55.000	50.000	5.000	2	1
7	9	225.000	45.000	50.000	50.000	0	2	1
8	10	250.000	50.000	50.000	50.000	0	2	2
9	10	250.000	50.000	50.000	50.000	0	2	2

Hiernach ergibt sich, dass unter Ausnutzung des Kapitalerweiterungseffektes bis zum Jahr 8 sukzessive die Anschaffung weiterer den Bestand erhöhender Maschinen erfolgen kann. Ab dem Jahr 9 pendelt sich sodann der Bestand bei 10 Maschinen ein.

Zu beachten ist jedoch, dass die sukzessive und gleichförmige Anschaffung neuer gleichförmiger Anlagegüte mit den freigesetzten Abschreibungsbeträgen in der Praxis aufgrund verschiedener Faktoren eingeschränkt ist. Der Lohmann-Ruchti-Effekt berücksichtigt nämlich nicht, dass

- Anlagengüter z. B. aufgrund höherer Einflüsse vorzeitig aus dem Unternehmen ausscheiden,
- Anlagengüter zur Gewinnung dringend benötigter liquider Mittel in anderen Bereichen vorzeitig veräußert werden,
- Sich die Aufwendungen für Neuanschaffungen über die Jahre aufgrund von Preiserhöhungen verändern.

Auch berücksichtigt die Theorie nicht, dass die erhöhte Produktionskapazität aufgrund der höheren Menge an Maschinen auch Folgekosten wie z. B. Verwaltungskosten, Produktionskosten, Lagerkosten mit sich führt oder gar eine Überproduktion zur Folge hat. Auch können die Schwankungen bei der Anzahl der Anlagegüter vor Erreichen des Maximaleffektes zu starken Schwankungen im Absatzmarkt aufgrund der Herstellung von Mindermengen führen, die durch das Unternehmen kompensiert werden müssen.[197]

197 Weber (2011), 5 vor Finanzwirtschaftliches Management, 2. Auflage.

4.3 Anlagevermögen in der Jahresabschlussanalyse

Im Rahmen der Jahresabschlussanalyse, auch Bilanzanalyse genannt, sollen die Informationen des Jahresabschlusses einer Gesellschaft durch die gezielte Auswertung des Abschlusses und die Ermittlung verschiedener betriebswirtschaftlicher Kennzahlen dem Bilanzadressaten Aufschluss nicht nur über die wirtschaftliche Lage des Unternehmens in der Vergangenheit sondern auch der zukünftigen Entwicklung(-smöglichkeiten) des zu betrachtenden Unternehmens geben. So lassen sich durch die gezielte Analyse Aussagen zur Vermögensstruktur, zur Finanzierung und auch der Ertragslage des Unternehmens und seiner jeweiligen Entwicklung machen.

Wichtig sind diese Informationen sowohl im Rahmen der Innen- als auch der Außenbetrachtung. So dient der Jahresabschluss einer Gesellschaft grundsätzlich den Informationszwecken für Anteilseigner/Inhaber als auch Kreditgeber, Lieferanten usw., ist aber aufgrund seiner zeitpunktbetrachtenden Darstellung der verschiedenen Vermögens- und Schuldenwerte sowie der zeitraumbezogenen Darstellung zu den Aufwendungen und Erträgen der Gesellschaft immer eine Auswertung der Vergangenheit.

Die detaillierte Analyse der Aussagen des Jahresabschlusses hingegen – auch und im Besonderen im Vergleich mit den Vorjahreswerten – ermöglicht es jedoch internen und externen Abschlusslesern, wie z. B. Geschäftsführung und Banken, nähere Informationen zum Investitionsverhalten des Unternehmens, zur Eigenfinanzierung, zur Möglichkeit einer fristgerechten Zins- und Tilgungsleistung durch das Unternehmen und zu seiner Umsatzentwicklung usw. zu treffen. Während bei der qualitativen Bilanzanalyse hierbei insbesondere die Auswertung der Angaben in Anhang und Lagebericht erfolgt, ist Aufgabe der quantitativen Bilanzanalyse vielmehr die Erstellung von Kennzahlen anhand der Daten aus Bilanz und Gewinn- und Verlustrechnung. Beiden gemein ist, dass mit den gewonnenen Ergebnissen ein besserer Einblick in die Vermögens-, Finanz- und Ertragslage des zu bewertenden Unternehmens gewonnen werden soll.

Das Anlagevermögen bildet auch hier einen wesentlichen Anhaltspunkt für die Jahresabschlussanalyse. Lässt sich doch durch dessen Auswertung u. a. feststellen, wie die Anlagenstruktur im Unternehmen beschaffen ist und auch wie die Finanzierung dieser erfolgt. Bilanzleser, wie z. B. Eigen- und auch Fremdkapitalgeber, können hierdurch Auskünfte zu stillen Reserven oder auch notwendigem Finanzbedarf in den Folgejahren gewinnen. Aber im Rahmen der Finanzierungsanalyse ist es ihnen auch möglich den Abschluss hinsichtlich möglicher Kapitalgewinnung im Wege der Innenfinanzierung z. B. über die Abschreibung oder den Verkauf von bestehenden Vermögenswerten des Anlagevermögens zu analysieren. So gibt zum Beispiel die Struktur der Aktivseite der Bilanz und mithin dort der Vergleich von kurzfristig liquidierbaren Vermögenswerten wie liquide Mittel und Forderungen versus Anlagevermögen Aufschluss darüber, wie hoch die Liquidierbarkeit im Unternehmen ist. So wird allgemeinhin unterstellt, dass je höher das Anlagevermögen der Gesellschaft ist, je höher auch die Problematik zur Beschaffung von liquiden Mitteln für das Unternehmen ist.

So lassen sich für das Anlagevermögen Kennzahlen vor allem in folgenden Bereichen ermitteln:

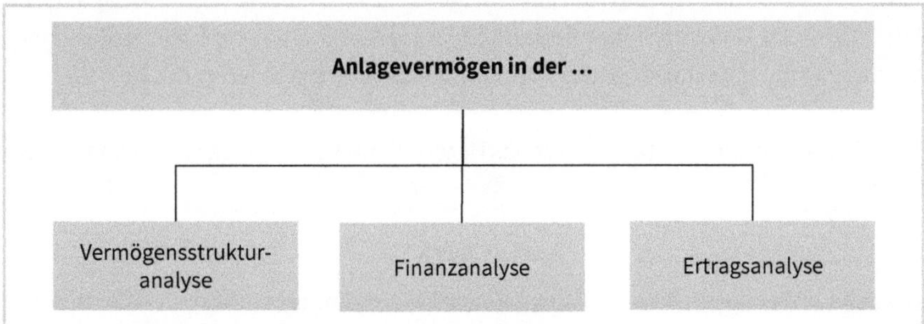

Abb. 7: Anlagevermögen in den Bereichen der Kennzahlenanalyse

4.3.1 Analyse der Vermögensstruktur

Für die Analyse der Vermögensstruktur werden vor allem Informationen zu den Vermögensgegenständen des Unternehmens herangezogen. Die Zahlen der Aktivseite der Bilanz, der Gewinn- und Verlustrechnung sowie des Anlagenspiegels sind damit regelmäßig Auswertungsgrundlage. Die Kennzahlen geben dem Leser Aufschluss über Struktur und Alter des Vermögens des Unternehmens sowie auch den Investitionsgepflogenheiten.

Bei Erstellung und Prüfung der Kennzahlen sollte jedoch ergänzend immer berücksichtigt werden, dass durch interne Umstrukturierungen und verschiedene Gestaltungsmöglichkeiten im Bereich der Zuordnung von Vermögen die Zahlen mehr oder weniger stark beeinflusst werden können. Hierzu gehören z. B.:

- Eigentumserwerb vs. Anmietung
- sale-and-lease-back-Verträge oder sale-and-buy-back-Verträge
- Operate und Finance Leasing mit Kauf- oder Mietverlängerungsklauseln
- Fremdverarbeitung[198]

Zu den Kennzahlen zur Analyse der Vermögensstruktur gehören:

198 Graumann, Prof. Dr. M. (2020), Praktische Jahresabschlussanalyse, 3. Auflage.

4.3.1.1 Anlagenintensität

Die Anlagenintensität gibt Aufschluss über den Anteil des Anlagevermögens am Gesamtvermögen des Unternehmens. Je höher die Anlagenintensität, desto höher ist der Grad der Vermögensbindung im Unternehmen. Eine hohe Vermögensbindung lässt regelmäßig auf eine hohe Unflexibilität in Krisenzeiten und damit ein erhöhtes Zahlungsrisiko schließen, da Güter des Anlagevermögens i. d. R. schlechter liquidierbar sind als Barmittel. Auch kann ein hoher Bestand an Anlagegüter z. B. eine hohe Fixkostenbelastung, Flexibilitätsschwierigkeiten bei Konjunkturschwankungen zur Folge haben.[199]

Eine hohe Anlagenintensität wird für das Unternehmen daher in der Regel negativ gewertet.

Allerdings gilt es auch zu beachten, dass verschiedene Einflüsse unterschiedliche Auswirkung auf das Ergebnis der Anlagenintensität sein können.

So zum Beispiel kann eine hohe Anlagenintensität auch Vorliegen bei:
- erhöhter Durchführung von Neuinvestitionen,
- Ausweis von Anlagegütern, deren Verkauf bereits bevorsteht,
- der Bestandsrationalisierung.

Beispiele für das Ergebnis einer geringen Anlagenintensität können hingegen sein:
- Vorliegen eines veralteten Anlagenbestandes,
- schlechte Zahlungsmoral der Kunden und in dessen Folge langfristiger Bestand von Kundenforderungen im Umlaufvermögen,
- hoher eiserner Bestand.

$$\text{Anlagenintensität} = \frac{\text{Anlagevermögen}}{\text{Gesamtvermögen}} \times 100$$

4.3.1.2 Investitionsquote

Die Investitionsquote bestimmt den Anteil der Neuanschaffungen an Sachanlagevermögen im Geschäftsjahr im Vergleich zu dem Sachanlagenbestand. Da Anlagenabgänge hierbei unberücksichtigt bleiben, lässt die Investitionsquote den Leser jedoch im Wesentlichen nur erkennen, ob investiert wurde. Nicht erkennbar ist für den Leser jedoch, ob es sich bei den Investitionen um Ersatz- oder Erweiterungsinvestitionen handelt.

Eine dauerhaft niedrige Investitionsquote kann aber Anhaltspunkt dafür sein, dass der Anlagenbestand des Unternehmens überaltert ist und das Unternehmen von sei-

---

199 Graumann, M. (2020), Praktische Jahresabschlussanalyse, 3. Auflage.

ner Substanz zehrt. Sie kann auch Hinweis auf eine geringe Konkurrenzfähigkeit des Unternehmens sein.

Durch ihre Aussage zur Investitionsneigung des Unternehmens kann ein Vergleich der Investitionsquote über einen längeren Zeitraum auch Aufschluss über die Entwicklung des Investitionsverhaltens des Unternehmens als solches geben.

$$\text{Investitionsquote} = \frac{\text{Nettoinvestition des Sachanlagevermögens (SAV)}}{\text{Anfangsbestand Sachanlagen zu AHK}} \times 100$$

Nettoinvestition = Zugänge – RBW Anlagenabgänge

4.3.1.3 Abschreibungsquote

Die Kennzahl der Abschreibungsquote setzt die Abschreibungen des Sachanlagevermögens ins Verhältnis zum Bestand des Sachanlagevermögens und gibt dem Leser Aufschlüsse darüber, in welcher Höhe die kumulierten Anschaffungskosten im betrachteten Wirtschaftsjahr abgeschrieben wurden. Hierüber lässt sich sodann ermitteln, wie hoch die Nutzungsdauer der Anlagegüter des betrachteten Unternehmens durchschnittlich ist. Sie gibt mithin Informationen auch über den Erneuerungszyklus des Anlagevermögens und einen etwaig hierfür benötigten Kapitalbedarf. Insbesondere bei langfristiger Betrachtung der Quote gibt sie Aufschluss darüber ob stille Reserven ggf. zu Lasten des Unternehmensgewinns gebildet wurden.

Eine hohe Abschreibungsquote ist in der Praxis vor allem bei den Unternehmen anzutreffen, deren Anlagevermögen im Wesentlichen eine kurze Nutzungsdauer aufweist und damit auch eine kurzfristigere Erneuerung der Anlagengüter notwendig macht. Dies ist z. B. bei Dienstleistungsunternehmen der Fall, deren Geschäftsausstattung im Wesentlichen aus EDV-Geräten besteht.

$$\text{Abschreibungsquote} = \frac{\text{AfA des SAV im GJ}}{\text{Bestand SAV zu AHK am Ende der Periode}} \times 100$$

Nach Herleitung der Abschreibungsquote ermittelt sich die durchschnittliche Nutzungsdauer in Jahren wie folgt:

$$\text{durchschnittliche ND} = \frac{100}{\text{Abschreibungsquote}}$$

4.3.1.4 Anlagenabnutzungsgrad

Eine Gegenüberstellung der kumulierten Abschreibungen mit den historischen Anschaffungskosten gibt dem Leser Aufschluss über den Abnutzungsgrad des Anlagevermögens und weist auf eine etwaige Überalterung der Vermögensgegenstände, eingeschränkte Produktivität der Anlagengüter sowie auch etwaig notwendige Neuinvestitionen hin. Die Aussagekraft dieser Kennzahl kann insbesondere Klarheit zu einer bereits ermittelten Anlagenintensität bringen, um eine vermutetet Überalterung der Vermögensgegenstände zu bestätigen oder aber zu widersprechen. Ein hoher Anlagenabnutzungsgrad weist regelmäßig auf eine Überalterung und notwendige Neuinvestitionen hin. Aufgrund der starken Branchenabhängigkeit dieser Kennzahl lässt sich jedoch keine Aussage zur optimalen Größe tätigen.

$$\text{Anlagenabnutzungsgrad} = \frac{\text{kumulierte AfA des SAV}}{\text{Bestand SAV zu AHK am Ende der Periode}} \times 100$$

4.3.1.5 Wachstumsquote

Die Wachstumsrate gibt Aufschluss über die relative Zunahme der Neuinvestitionen des Unternehmens. Problematisch ist eine über längere Zeit negative Wachstumsquote, da sie vermuten lässt, dass das Unternehmen von seiner Substanz lebt.

$$\text{Wachstumsquote} = \frac{\text{Neuinvestitionen des SAV}}{\text{AfA SAV}} \times 100$$

4.3.1.6 Investitionsdeckung

Die Ermittlung der Investitionsdeckung soll vor allem über den Umfang der aus Abschreibungen finanzierten Anlagenzugänge geben und damit auch über das tatsächliche Wachstum des Unternehmens.

Während eine Investitionsdeckung unter 100 % dafür spricht, dass die Reinvestition größer ist als die geltend gemachten Abschreibungen, zeigt eine Quote über 100 % auf, dass nicht alle Abschreibungen für die Neuanschaffung von Anlagengütern genutzt wurden.

$$\text{Investitionsdeckung} = \frac{\text{AfA des SAV}}{\text{Zugänge SAV}} \times 100$$

4.3.2 Kennzahlen der Finanzanalyse

Die Kennzahlen der Finanzanalyse sollen vor allem darüber Auskunft geben, woher die finanziellen Mittel des Unternehmens kommen und auch wie sie verwendet wurden. Gleichwohl sollen sie auch Auskunft darüber geben, ob die Liquidität des Unternehmens ausreichend ist, um künftige Verpflichtungen zu erfüllen. Wesentliche Kennzahlen der Finanzanalyse, die auf Werte des Anlagevermögens zurückgreifen, sind

Anlagenintensität sowie der **Anlagendeckungsgrad**, die bereits im Bereich der Vermögensstruktur erläutert wurden.

In der Finanzierung werden die Anlagendeckungsgrade I bis III unterschieden. Wesentliche Aussage dieser Kennzahlen ist, inwieweit das Anlagevermögen durch das langfristige Kapital gebunden ist. Der Anlagendeckungsgrad (sogenannte Goldene Bilanzregel) fordert konkret, dass langfristiges Vermögen durch langfristiges Kapital gedeckt ist. In dessen Konsequenz setzt der Anlagendeckungsgrad I als enge Fassung der Bilanzregel darauf, dass das Anlagevermögen vollständig durch das Eigenkapital des Unternehmens gedeckt ist. Bei einem Anlagendeckungsgrad I 100 % liegt eine vollständige Deckung des Anlagevermögens durch Eigenkapital vor. Eine Überdeckung ist bei Erreichen einer Kennzahl von ≥ 100 % gegeben. Insgesamt können erreichte Kennzahlen von ≥ 100 % dem Bilanzleser vorteilhaft, da in diesem Fall von einer größeren finanziellen Stabilität des Unternehmens unterstellt werden kann und weniger Risikoverpflichtungen zu vermuten sind.

In der Folge werden können in die Kennzahlermittlung auch die langfristigen Verbindlichkeiten und ggf. auch der Eiserne Bestand (Vorräte) des Unternehmens mit in die Betrachtung einbezogen werden (Anlagendeckungsgrad II bis III).

$$\text{Anlagendeckungsgrad I} = \frac{\text{Eigenkapital}}{\text{Anlagevermögen}} \times 100$$

$$\text{Anlagendeckungsgrad II} = \frac{\text{Eigenkapital + langfristige Verbindlichkeiten}}{\text{Anlagevermögen}} \times 100$$

$$\text{Anlagendeckungsgrad III} = \frac{\text{Eigenkapital+ langfristige Verbindlichkeiten}}{\text{Anlagevermögen + Eiserner Bestand}} \times 100$$

4.3.3 Kennzahlen der Ertragsanalyse

Im Rahmen der Ertragsanalyse und der Aufstellung von Cashflow-Berechnungen lassen sich für das Unternehmen durch die Nettozuflüsse an liquiden Mitteln innerhalb des Betrachtungszeitraums ermitteln und damit auch das Vermögen des Unternehmens Innenfinanzierungen zu tätigen. In diesem Zusammenhang lässt sich mithilfe des Innenfinanzierungsgrad für Investitionen ergänzend bestimmen, ob die getätigten Investitionen vollständig aus dem Unternehmen selbst ohne Schrumpfung des Eigenkapitals erfolgen.

$$\text{Innenfinanzierungsgrad für Investitionen} = \frac{\text{Cashflow}}{\text{Zugänge des AV}} \times 100$$

Literaturverzeichnis

Bachem (1993), Betriebs-Berater (BB)

Bertram/Kessler/Müller (2022), Haufe HGB Bilanz Kommentar, Online-Fassung

Frotscher/Geurts (2019), Einkommensteuer Kommentar, Online-Fassung

Graumann, Prof. Dr. M. (2020), Praktische Jahresabschlussanalyse, 3. Auflage

Grottel/Schmidt/Schubert/Störk/Deubert (2020), Beck'scher Bilanzkommentar, 12. Auflage

Haufe Finance Office Professional Online, Haufe KABC Kontierungslexikon

Heurung (1995), Der Betrieb (DB)

Hoffmann, W.-D./Lüdenbach, N. (2022), NWB Kommentar Bilanzierung, 14. Auflage

Horschitz/Fanck/Guschl/Kirschbaum/Schustek/Haug (2021), Bilanzsteuerrecht und Buchführung, 16. Auflage

IDW, Fachlicher Hinweis zu den Auswirkungen der Ausbreitung des Coronavirus auf die Rechnungslegung und deren Prüfung (Teil 2)

Kanzler/Kraft/Bäuml/Marx/Hechtner/Geserich (2021), EStG Kommentar, 6. Auflage

Knop/Küting in Küting/Pfitzer/Weber (2002), Handbuch der Rechnungslegung – Einzelabschluss, 5. Auflage

Lüdenbach (2013), IFRS-Ratgeber, 7. Auflage

Oblau, M. (2014), Zeitschrift für Bilanzierung, Rechnungswesen und Controlling (BC), »Das neue BMF-Schreiben zur Teilwertabschreibung«

Petersen/Sandleben (2021), Beck'sches Steuerberater-Handbuch 2021/2022, 18. Auflage

Philipps, H. (2018), Der Anhang im Jahresabschluss der GmbH und der GmbH & Co. KG, 5. Auflage

Pusecker/Schruff (1996), Bertriebs-Berater (BB)

Schmidt/Kulosa (2021), EStG-Kommentar, 40. Auflage

Weber (2011), 5 vor Finanzwirtschaftliches Management, 2. Auflage

Wolff (2018), Der Anhang der kleinen und mittelgroßen Kapitalgesellschaft, 2. Auflage

Stichwortverzeichnis

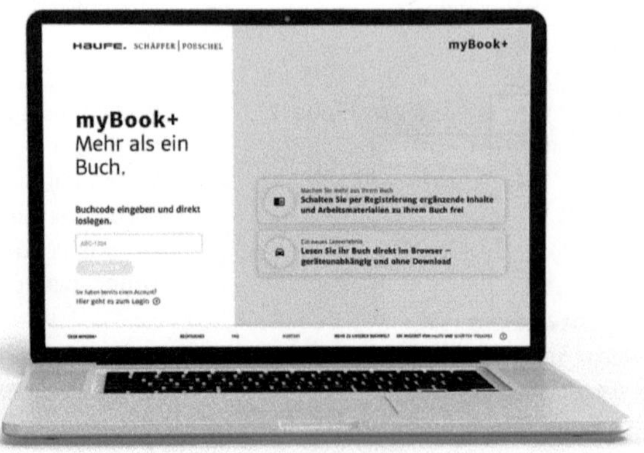

Ihre Online-Inhalte zum Buch: Exklusiv für Buchkäuferinnen und Buchkäufer!

▶ **https://mybookplus.de**

▶ Buchcode: XNR-11986

PI13711992

9784221